Hasseeb Elbukhary

Caraterísticas de produção dos caprinos Sudan Tagger

Hasseeb Elbukhary

Caraterísticas de produção dos caprinos Sudan Tagger

ScienciaScripts

Imprint

Cover image: www.ingimage.com

This book is a translation from the original published under ISBN 978-3-659-89562-3.

Publisher:
Sciencia Scripts
is a trademark of
Dodo Books Indian Ocean Ltd. and OmniScriptum S.R.L publishing group

120 High Road, East Finchley, London, N2 9ED, United Kingdom
Str. Armeneasca 28/1, office 1, Chisinau MD-2012, Republic of Moldova, Europe
Managing Directors: Ieva Konstantinova, Victoria Ursu
info@omniscriptum.com

Printed at: see last page
ISBN: 978-620-8-59922-5

Índice

Capítulo 1

1. Introdução

1.1 História

As cabras são uma componente importante da pecuária em todas as zonas ecológicas e em todos os tipos de sistemas agrícolas na África tropical. Complementam o gado bovino, camelos e ovelhas no seu ciclo de produção e geralmente não competem diretamente com eles pela alimentação. As cabras desempenham um papel importante nos meios de subsistência de muitos pequenos agricultores marginais e trabalhadores sem terra. Devido às suas baixas necessidades alimentares, ao seu rápido ciclo reprodutivo, à sua adaptabilidade e facilidade de manuseamento, constituem uma fonte de rendimento particularmente importante para as famílias pobres e são frequentemente propriedade de grupos desfavorecidos, como as mulheres e as crianças (Timon, 1991). Além disso, ao contrário do gado bovino, pertencem tanto às unidades mais produtivas dos sistemas africanos como ao sector mais pobre da comunidade (Wilson, 1982). As cabras são animais versáteis que produzem leite, carne e peles, que são as melhores da camurça para vestuário (Gall, 1981). As cabras são também utilizadas pelo seu pelo (mohair) e para a produção manual.

1.2 O papel dos caprinos nos países em desenvolvimento

Os caprinos fornecem produtos e serviços importantes aos seres humanos em todo o mundo. A importância relativa das cabras está ligada à sua ampla distribuição nas regiões tropicais e subtropicais, onde desempenham um papel importante no fornecimento de carne, leite e peles, bem como de rendimentos e outros valores, como a produção de estrume. As cabras fornecem carne e leite em quantidades adequadas para o consumo familiar imediato e são fáceis de comprar e vender, permitindo-lhes satisfazer necessidades de dinheiro relativamente baixas e frequentes.

A carne de cabra é largamente consumida em todas as regiões onde se criam cabras e em certos países como o Sudeste Asiático e África, as Índias Ocidentais e a América Latina, sendo mesmo preferida a outras carnes (Devendra e Burns, 1983).

O Sudão está entre os países africanos mais ricos em gado e entre os países árabes mais ricos em gado. A maioria destes animais é criada em sistemas de gestão extensiva e alimentada exclusivamente em pastagens, de onde provém cerca de 86% da sua dieta. Embora as cabras sejam uma fonte muito importante de proteínas e produzam outros produtos, a sua contribuição atual para a produção agrícola total e para os recursos naturais é muito pequena. A exploração dos caprinos torna-se assim necessária para aumentar as proteínas animais, nomeadamente nos países em desenvolvimento, nas zonas áridas e semi-áridas. A importância socioeconómica da cabra é maior nos países em desenvolvimento, onde responde a necessidades socioeconómicas, culturais e recreativas, e o seu pequeno tamanho é particularmente relevante para a economia e a gestão, o que contribui para a sua popularidade.

1.3 A importância da cabra sudanesa de marcação

As cabras montesas do Sudão estão espalhadas por muitas partes do país, mas concentram-se nas montanhas Nuba do Cordofão do Sul, nas colinas de Angesena no Nilo Azul e em Jabel Marra no Darfur Ocidental. Constituem uma importante fonte de produtos animais para as populações locais e são uma das principais fontes de proteínas que fornecem carne e produtos à base de carne. A sua importância decorre do facto de terem uma elevada capacidade de adaptação para sobreviver e produzir em condições difíceis em que outros animais têm dificuldade em sobreviver. Todos os dados disponíveis indicam que as cabras montesas sudanesas (Tagger) são a espécie de ruminante mais difundida na região dos Montes Nuba, que são tradicionalmente criadas como parte de um sistema de produção extensivo, que estão bem adaptadas às condições ambientais locais, que pertencem a uma grande proporção da população e que estão presentes nas aldeias e cidades. Para além de serem criadas exclusivamente para a produção de carne, constituem uma reserva financeira flexível para a população rural e urbana e desempenham um importante papel social e cultural. Estas cabras contribuem para a satisfação das necessidades alimentares diárias (carne e leite), são facilmente vendidas como fonte de dinheiro, constituem um seguro para todas as actividades agrícolas e são valorizadas nas cerimónias religiosas e de casamento.

1.4 Investigação e desenvolvimento

Embora tenha havido pouca investigação sobre a importância dos caprinos para os agricultores dos países em desenvolvimento, nenhum trabalho foi feito para estudar o potencial de produção e as práticas de gestão dos caprinos Sudan Tagger.

1.5 O objetivo deste livro

O objetivo deste trabalho é estudar as cabras de montanha no seu habitat natural, a fim de elucidar as suas práticas de gestão e o seu potencial de produção, com particular ênfase no seu potencial de produção de carne e nas formas de melhorar a sua produtividade.

Capítulo 2

2. Revisão da literatura

2.1. Introdução :

A cabra é um animal resistente e prolífico, com uma excelente capacidade de procura de alimentos, podendo alimentar-se de uma grande variedade de vegetação e testar qualquer coisa comestível. As cabras desenvolvem-se bem nas florestas tropicais, bem como nas savanas semi-áridas e nas zonas secas, e são capazes de se desenvolverem numa grande variedade de ambientes e de se alimentarem de uma grande variedade de alimentos (Sppeding, 1974). As cabras têm uma resistência razoável às infecções parasitárias (Epstein, 1969) e têm um melhor desempenho nas savanas secas do que nas regiões quentes e húmidas (De Hass e Horst, 1979). Em comparação com outros animais domésticos, os caprinos são capazes de suportar condições difíceis e de produzir com menos cuidados do que os ovinos e os bovinos (French, 1970).

2.2. Raças de caprinos

Calcula-se que existam cerca de 300 raças e tipos de cabras no mundo (Devendra e Burns, 1983). Epstein (1971) distinguiu pelo menos 70 raças e variedades de cabras em África. Verificou-se que 52% da população mundial de cabras vive nas regiões tropicais e que cerca de 46% das cabras tropicais se encontram em África (FAO, 1976). As cabras tropicais nativas foram classificadas em três categorias: grandes, pequenas e anãs (Devendra e Burns, 1983). As raças tropicais mais importantes incluem a cabra do deserto do Sudão, a cabra vermelha de Sokoto, a cabra Núbia, a cabra Afar, a cabra Mobende, a cabra Boer, a pequena cabra da África Oriental e a cabra Angorá (FAO, 1991).

2.3. Raças de caprinos africanos

2.3.1. Cabras Boer

Trata-se de uma raça grande, com 75-80 cm ao garrote, com um peso adulto de 120-140 kg para os machos e de 70-90 kg para as fêmeas. Tem uma cabeça forte com uma testa proeminente, olhos suaves, um perfil claramente convexo e uma narina larga. Ambos os sexos podem ser chifrudos ou polares. Os cornos são fortes nos machos, de comprimento médio, homónimos abertos e torcidos com um eixo reto que se projecta para trás e para fora; mais leves, em forma de cimitarra e curvados para trás nas fêmeas. As orelhas são de comprimento médio, largas e fendidas; também se encontram orelhas mais curtas ou vestigiais. Os tigres estão ausentes. A barba é comum, mas não existe juba. O peito é largo e profundo. O dorso é longo, ligeiramente inclinado e as pernas são fortes e bastante curtas. A cor das cabras comuns é variável, incluindo manchas no corpo e nas pernas. A pelagem é curta e rígida, exceto nas cabras de pelo comprido.

A raça é apreciada pela sua carne e pele. A percentagem de preparação aos 8-10 meses é de 48% e de 56-60% na idade adulta. O peso à nascença varia de 3 a 5 kg. Os nascimentos múltiplos são frequentes, sendo os únicos 45%, os gémeos 50% e os trigémeos 7% (FAO, 1991).

2.3.2. Cabras vermelhas de Sokoto

Trata-se de um dos grupos de cabras da savana, presente em zonas semi-áridas com chuvas únicas que duram 4 a 5 meses. A raça é relativamente pequena, com uma altura ao garrote de 60 a 65 cm para os machos e de 54 a 65 cm para as fêmeas. O peso maduro é de 27 kg para os machos e de 25 kg para as fêmeas. A cabeça é fina, com uma testa proeminente e um perfil bastante curto, reto ou ligeiramente abobadado. Ambos os sexos têm chifres. Os cornos são de comprimento curto a médio e ligeiramente mais pesados nos machos. As orelhas são curtas, de largura média e, geralmente, portadas horizontalmente. A barba é abundante nos machos e geralmente ausente nas fêmeas. A testa é frequentemente coberta de pêlos mais compridos, mais densos e mais escuros nos machos. Os machos têm uma crina mais clara que se estende até ao ombro. O pescoço é curto, esguio e muito móvel. O dorso é reto e de comprimento médio. As pernas são bastante curtas e fortes, mas bem musculadas. A cor é geralmente vermelha escura e a pelagem é fina com pelo curto. Nos machos, o pelo pode ser mais comprido e abundante.

A raça é apreciada pela sua carne e pele. A percentagem de preparação varia de 43 a 50% para um peso vivo de 19,8 a 25 kg. O peso à nascença situa-se entre 1,4 e 2,5 kg. Os partos múltiplos são frequentes: 32% de partos únicos, 40,9% de gémeos, 2,8% de trigémeos e 0,1% de quadrigémeos. O primeiro parto ocorre aos 435 ± 135 dias e o intervalo entre partos é de 240 ± 57,8 dias (FAO, 1991).

2.3.3. Cabras Afar

Trata-se de uma raça pequena, com 55 a 65 cm ao garrote (60 a 63 cm para os machos e 55 a 60 cm para as fêmeas). Os pesos maduros são de 26-30 kg para os machos e de 23-28 kg para as fêmeas. A cabeça da raça é pequena, com uma testa plana e um perfil reto ou ligeiramente arredondado. Ambos os sexos têm chifres. Os chifres são erectos ou apontam ligeiramente para trás e devem ser completamente torcidos, ligeiramente estriados e podem atingir 45 cm de comprimento. As orelhas são de comprimento médio (10 a 12 cm), de largura média e bastante erectas. Os machos têm geralmente barba e uma ligeira crista; as fêmeas não têm barba, com exceção de algumas que têm uma barba muito afilada. O pescoço é de comprimento médio. O peito é estreito e pouco profundo e as pernas tendem a ser mais curtas do que a cintura. A cor é muito variável, sendo os animais malhados os mais comuns, com uma pelagem muito fina e curta.

A raça é apreciada pela sua produção de leite. O rendimento da carcaça é de 12 kg para os machos e de 10 kg para as fêmeas. O peso à nascença é de 2 kg e os partos múltiplos são raros: 65% de animais únicos e 35% de gémeos. O primeiro parto tem lugar aos 24 meses e o intervalo entre partos é de um ano, embora algumas fêmeas tenham partos de dois em dois anos (FAO, 1991).

2.3.4. Cabras de Mubende

Trata-se de um animal de pequeno porte, com os machos adultos a pesarem entre 35 e 51 kg. Ambos os sexos têm cornos, embora alguns possam ser polidos. Os chifres são geralmente curtos e colocados junto ao pescoço. As orelhas são de tamanho curto a médio, com uma ponta para a frente e para cima. Os machos e algumas fêmeas são barbudos e os machos têm também uma juba ao longo do dorso. A cor comum da pelagem é o preto com pêlos curtos e finos.

A raça é apreciada pela sua carne e pele. A percentagem de preparação varia de
44.1 - 56.4%. O peso médio à nascença é de 1,22 kg e os nascimentos múltiplos são frequentes. O primeiro parto ocorre aos 12 meses e o intervalo entre partos é de 8,5 a 10,6 meses (FAO, 1991).

2.3.5. Cabras anãs da África Ocidental

A raça é claramente anã, com uma altura ao garrote de 30 a 50 cm e pesos adultos de 20 a 25 kg e 18 a 22 kg para machos e fêmeas, respetivamente. A cabeça é forte, a testa é arredondada, o perfil é reto ou ligeiramente arredondado, o focinho é estreito e o maxilar inferior é mais comprido do que o superior. Ambos os sexos têm cornos. Os cornos são curvados para fora e para trás e bastante compridos nos machos ( ); são leves e apontam para cima e para trás nas fêmeas. As orelhas são de tamanho curto a médio, estreitas e portadas horizontalmente. Ambos os sexos transportam ocasionalmente tigres. Os machos são normalmente barbudos e têm uma juba semanal. As fêmeas têm por vezes barba, mas o grau de barba varia consideravelmente consoante os subtipos. O pescoço é forte e bastante comprido. O peito é largo e profundo e o perímetro é muito superior à altura ao garrote (60-70 cm). O dorso é forte e comprido, as pernas são extremamente curtas e o úbere é pequeno mas bem formado. A cor varia muito de região para região, sendo o castanho-escuro com manchas pretas o mais comum, mas também se encontram cores pretas, brancas, vermelhas e mistas. A pelagem é geralmente rígida e curta, mas alguns subtipos têm uma pelagem longa, mais ou menos ondulada.

Esta raça é apreciada pela sua carne e pelo seu leite. A percentagem de preparação é de 63% para um peso vivo de 23 kg e uma relação carne/osso de 4:1. O peso à nascença varia de 1,06 a 1,62 kg. Os nascimentos múltiplos são muito frequentes; os gémeos são extremamente frequentes, os trigémeos são comuns e, por vezes, os quadrigémeos. O primeiro parto ocorre entre os 12 e os 18 meses de idade e o intervalo entre partos é de 275 ±49 dias (FAO, 1991).

2.3.6. Cabras angorá

O animal é pequeno, com a cabeça erguida nos machos. A testa é larga, o focinho é forte e a boca é pequena. Ambos os sexos têm cornos. No macho, os cornos são grossos, com uma base de, pelo menos, 2,5 cm e estendendo-se para trás e para cima, mas são menos pesados na fêmea. O pescoço é longo e coberto de pêlos. Ambos os sexos têm barba de mohair. As orelhas são longas e enroladas. As patas e a cauda são rectas, curtas e bem cobertas de pêlos. A cor comum é o branco.

A raça é apreciada pela sua produção de mohair. O peso à nascença é de 2 a 3,5 kg. O primeiro parto tem lugar aos 20 meses, o intervalo entre partos é de uma vez por ano e os partos múltiplos não são comuns (FAO,

1991).

2.4. Tipos de caprinos no Sudão

As cabras sudanesas foram classificadas em quatro tipos principais (Mason e Maule, 1960; e Mofarrah, 1995).

2.4.1. Cabras da Núbia

A cabra núbia é uma raça especial. É originária do Sudão e encontra-se principalmente nas zonas ribeirinhas e urbanas do norte do país, a norte até 12°N e a oeste até El-Obeid. A raça é muito difundida e encontra-se em muitas partes de África. Os caprinos da Núbia são altos e esguios, com uma altura ao garrote de 70 a 80 cm e um peso adulto de 50 a 70 kg para os machos e de 40 a 60 kg para as fêmeas. A cabeça é de tamanho pequeno a médio, com uma testa proeminente e um perfil claramente convexo. Os cornos, quando presentes, são mais claros e de comprimento médio. As orelhas são longas (25 cm), largas e pendentes, com o terço inferior curvado para cima. A barba está geralmente ausente. A cor da pelagem é variável: vermelha, castanha e preta, sendo esta última a mais comum.

Embora o principal valor da raça seja a produção de leite, os cabritos excedentários são adequados para a produção de carne (Mason e Maule, 1960 e Devendra e Burns, 1970).

2.4.2. Cabras do deserto

Trata-se de uma raça proeminente que se adapta particularmente bem às regiões áridas. É por isso que é conhecida como a cabra do Sahel ou do deserto. Encontra-se nas regiões secas do país, geralmente a norte dos 12°N, mas a norte dos 10°N no Darfur e no Cordofão Ocidental. A cabeça é fina, com uma testa plana e um perfil reto ou ligeiramente arredondado. Ambos os sexos têm chifres. Os chifres têm até 35 cm de comprimento e projectam-se para fora ou para trás. As orelhas são médias a muito longas (12 a 20 cm) e enroladas. A cor da pelagem é variável: branca, cinzenta, fulva, vermelha ou preta, com pêlos curtos e finos. A barba é frequente nos machos, mas é menos frequente nas fêmeas. Os machos podem também apresentar uma juba que se estende até ao ombro e ao longo do dorso. O animal é de grande porte (65 a 85 cm ao garrote) e pesa entre 40 e 60 kg quando adulto para os machos e 32,7±5,22 kg para as fêmeas. A raça é valorizada principalmente pela produção de carne e de pele (Devendra e Burns, 1983). Gailli et al (1972) afirmaram que estas cabras produzem mais carne do que as ovelhas do deserto. Além disso, (Babiker, et al.1990) verificou que as cabras do deserto produzem carne de alta qualidade em comparação com as ovelhas do deserto do Sudão. A raça é muito prolífica e produz uma elevada proporção de gémeos, com uma taxa média de partos de 200% e uma produção vitalícia de 9-10 cabritos (Wilson e Clarke, 1975).

2.4.3. Cabras nilóticas

Encontra-se nas regiões tropicais húmidas do Sudão. A raça é pequena, com um peso adulto médio de 11 kg e uma altura ao garrote de 40-50 cm. Os machos têm chifres mais curtos e as fêmeas podem ser polidas. Produzem pouco leite e são criadas exclusivamente para a produção de carne (Mason e Maule, 1960). Estas cabras têm certas afinidades com as pequenas cabras da África Oriental.

2.4.4. Marcação de cabras

A sua origem é desconhecida, mas a sua população e presença estão associadas a montanhas e colinas. Os Taggers são pequenos caprinos com patas e orelhas curtas, cornos, crinas e barbilhões. Os machos têm barba. A sua cor varia entre o creme, o castanho e o castanho escuro. Devido ao seu pequeno tamanho e às pernas curtas, são muito activos e estão bem adaptados às condições topográficas e climáticas que prevalecem na região, bem como à vegetação que domina os terrenos da serra (Mofarrah, 1995).

2.5. Carne de caprino

A carne de cabra é largamente consumida e é mesmo preferida à carne de carneiro em algumas partes do Sudão e em muitas partes de África (Jallons, 1959). Wahid (1965) relatou uma clara preferência pela carne de cabra no Paquistão, mesmo que o seu preço seja quase o mesmo que o da carne de carneiro. A procura de carne de cabra é muito elevada nas zonas rurais do Sudão e em muitos países africanos, onde pode obter um preço de mercado mais elevado do que a carne de vaca e de carneiro (Bello, 1985).

No Sudão, as cabras são criadas principalmente para a produção de leite pelas populações pobres das cidades e das grandes aldeias. Nas zonas rurais, são também uma importante fonte de produtos de carne.

O papel da cabra como animal de produção de carne só recentemente atraiu a atenção de investigadores locais como El Neim (1979), Gaili e Ali (1985), Babiker, et al (1985), Ekhidir (1989), Mohammed (1994), El fadil (1996) e Hassaballa (1996).

2.6. Tipo de carne de cabra

As cabras são colhidas e consumidas em todas as idades. Devendra e Owen (1981) definiram três tipos de carne de cabra produzidos nas regiões tropicais.

1- Carne de cabrito (Cabrito, 8-12 semanas de idade). Os cabritos são abatidos nesta idade, quando atingem um peso corporal de 8 a 12 kg. Esta prática está muito difundida na América Latina e nas Caraíbas.
2- Carne de cabras jovens de 1 a 2 anos. É o tipo mais comum de carne de cabra. Os caprinos desta faixa etária são geralmente abatidos quando atingem um peso de cerca de 18 a 28 kg.
3- Carne de cabras velhas com idades compreendidas entre 2 e 6 anos. Este grupo produz geralmente uma carne mais dura devido à idade do animal. Grande parte da carne produzida nas regiões tropicais provém deste grupo.

2.7. Gestão

2.7.1. Criação de caprinos no Sudão

No Sudão, os caprinos são criados numa vasta gama de sistemas ecológicos e sociais, que podem ser divididos em duas categorias.

2.7.1.1 Criação de caprinos em zonas irrigadas

Estas zonas incluem a agricultura de regadio ao longo do Nilo e dos seus afluentes, bem como os perímetros agrícolas de regadio. Nestas zonas, a criação de cabras é efectuada segundo dois sistemas.

1- Sistema intensivo: as cabras são criadas em confinamento com acesso limitado à terra. Este sistema encontra-se nas cidades e nas grandes aldeias, e as cabras são criadas principalmente para a produção de leite. As cabras são alimentadas com forragens cortadas, tais como gramíneas naturais, Abu70 e barseem (medicogo sativa), para além de concentrados.

2- Sistema semi-intensivo: este sistema representa vários graus de compromisso entre os sistemas de pastoreio extensivo e de produção intensiva, dependendo da disponibilidade de mão de obra e de alimentos para animais, com pastoreio limitado e alimentação em estábulos.

Nas aldeias maiores, é adotado um sistema de pastoreio coletivo. O pastor reúne as cabras (o rebanho) de manhã, leva-as para as pastagens naturais e trá-las de volta ao fim da tarde. As cabras são então alojadas e recebem um suplemento alimentar noturno sob a forma de concentrados, principalmente de grãos de sorgo ou de uma mistura de concentrados, ou de resíduos domésticos. Por vezes, as cabras são deixadas a pastar na rua, utilizando todos os recursos alimentares disponíveis na rua durante o dia e regressando à casa do dono à noite. A alimentação nocturna pode ser feita com forragens verdes, resíduos domésticos e/ou concentrados.

2.7.1.2 Criação de caprinos em zonas não irrigadas

As zonas não irrigadas são as que se encontram afastadas dos rios e dos programas agrícolas onde se pratica a agricultura de sequeiro. Nestas zonas, as cabras são criadas segundo sistemas de exploração que variam entre o extensivo combinado com o nomadismo migratório e o pastoreio comunitário semi-intensivo com alimentação nocturna. Após a colheita, as cabras são deixadas a utilizar os resíduos de sorgo, amendoim e lubia (Vigan unguiculata). Aqui, as cabras são criadas em grande número, consoante a disponibilidade de pasto. Na maior parte dos casos, as cabras dependem principalmente do pasto natural e das árvores e arbustos disponíveis nas pastagens.

2.7.2 Dimensão e estrutura do efetivo

Os criadores de gado africanos são, sem dúvida, conservadores, mas não é certo que o sejam mais do que os seus homólogos na Europa, América e Austrália. As razões pelas quais eles mantêm rebanhos estão ligadas às suas necessidades particulares a curto ou longo prazo (FAO, 1991). As fêmeas predominam sempre no efetivo, embora se mantenham pequenas diferenças de sexo e de estrutura etária. Mas é importante sublinhar que quase todos os animais do rebanho são produtivos (dão à luz jovens, produzem leite ou atingem um tamanho em que outro produto se torna o principal). Le Jaouen (1978) classificou quatro tipos de tamanho do efetivo.

1- Grandes rebanhos de 100 a 1.000 cabeças pastam em terras pertencentes a agricultores, que podem, até certo ponto, migrar com os seus animais.
2- Os rebanhos sedentários médios a grandes, de 50 a 100 cabeças, utilizam pastagens e forragens cultivadas adicionais.
3- Criação intensiva de efectivos médios de 50 a 250 cabeças ou mais.
4- Pequenos efectivos familiares. São utilizados principalmente para produzir leite e carne para consumo doméstico por pequenos agricultores e famílias rurais sem terra. O quadro (1) mostra a estrutura dos efectivos de algumas raças de cabras africanas (Wilson, 1982).

Quadro (1) Estrutura do efetivo de algumas raças caprinas africanas

Zona	Grupo étnico	Aptidão	Homens		Feminino%.	
			Total	Castrati	Total	Reprodução
mauritano	Maure	Leite/carne	20.20	1.20	79.80	55.10
Níger	Fulani	Leite/carne	20.60	Pouco	79.30	48.80
Chade	Árabe	Leite/carne	28.30	Pouco	71.70	48.10
Sudão	Baggara	Leite	23.60	0.00	76.40	51.20
Etiópia	Afar	Carne/ Gordura	3.30	0.00	96.70	65.50
Quénia	Masi	Leite	33.80	0.00	66.20	48.30

*(Wilson, 1982), e Otchere et al., 1987)

2.7.3. Reprodução

Em geral, nos sistemas de produção extensiva do Sudão, não se pratica uma política de acasalamento seletivo e a maioria dos agricultores tem dois ou três machos que acompanham o rebanho durante todo o ano. A reprodução não é controlada nem organizada, pelo que a conceção pode ocorrer durante todo o ano, resultando em partos quase todo o ano. No entanto, existem picos de atividade reprodutiva que conduzem a picos de parição (elevada incidência de atividade reprodutiva no verão e no início do outono).

2.7.4. Castração

Há muito que o sexo é reconhecido como uma das principais fontes de variação do crescimento (Everitt e Jury, 1964). A influência do sexo no crescimento é bastante pronunciada e deve-se ao efeito direto das diferenças genéticas entre machos e fêmeas e ao efeito indireto das hormonas sexuais.

A castração dos animais para abate é uma prática quase universal (Turton, 1966). Os caprinos são castrados quando são excedentários em relação às necessidades reprodutivas e se destinam ao abate. Em geral, a castração melhora as caraterísticas da carcaça, reduzindo o crescimento da cabeça e do quarto dianteiro. A castração também aumenta a gordura da carcaça e remove o odor a macho da carne, tornando-a mais aceitável. Mohammed (1994) estudou o efeito da castração de cabritos machos da raça Núbia no desempenho, nas caraterísticas da carcaça e na qualidade da carne e concluiu que a carne dos animais castrados tinha menos odor a macho do que a dos animais intactos, mas a diferença não era significativa.

2.8. Reprodução

2.8.1. Fertilidade e prolificidade

A fertilidade é indicada, no caso das fêmeas, pelo número de serviços necessários para a conceção e, no caso dos machos, pela qualidade dos espermatozóides. A prolificidade é a capacidade de produzir numerosos descendentes. Um animal prolífico deve ser muito fértil.

A prolificidade é expressa pelo número de cabritos por nascimento (tamanho da ninhada) ou pelo número de cabritos por fêmea por ano. Nas cabras da África Oriental, pensa-se que a gemelaridade ocorre em 10-15% dos nascimentos (Mason e Maule, 1960). Sacker e Trail (1966) estimaram que a gemelaridade ocorre em 30% dos nascimentos da cabra Mubende no Uganda, e Henrrote (1961) referiu que as cabras pequenas do Baixo Cango são muito prolíficas e produzem geralmente gémeos duas vezes por ano. Do mesmo modo, as cabras anãs da África Ocidental, no Gana, são muito prolíficas, sendo os gémeos comuns e os trigémeos frequentes (Oppong, 1965). Vohardsky e Sada (1973) relataram uma taxa de parição de 184% num rebanho destas cabras em Nungua, no Gana, com 32% de ingleses, 55,9% de gémeos, 13% de trigémeos e 1,3% de quadrigémeos. Matthewman (1979) registou percentagens de parição de 159 e 151 em dois rebanhos de cabras anãs de uma aldeia da África Ocidental no sudoeste da Nigéria. Wilson (1976) estudou a produtividade de diferentes espécies de ruminantes no Darfur Ocidental, Sudão, e registou uma produção média de dois cabritos por fêmea por ano. Babiker (comunicação pessoal) estudou a atividade reprodutiva de um pequeno rebanho cruzado (cabras Sannen X Nubian) alimentado intensivamente e verificou que a taxa de natalidade era de 170% enquanto a mortalidade dos cabritos era de 47%, principalmente devido a pneumonia e diarreia. A taxa de gemelaridade era de 70% e os cabritos nascidos sozinhos provinham principalmente de cabritos de primeira cria e de mães pequenas. Robinet (1973) relatou uma elevada prolificidade em cabras Red Sokoto na Nigéria, afirmando que muitas fêmeas produziam gémeos duas vezes por ano durante 5-6 anos, com uma média de 3 cabritos em dois anos. Na Índia, Minett (1950) referiu que 69% de 694 cabras Barbari produziam gémeos e Parasada et al (1972), em Mathura, na Índia, observaram que na mesma raça os nascimentos múltiplos atingiam 84% no quarto parto. A raça Jamnpari tem uma taxa de gemelaridade mais baixa, registada em 45% por Roy et al (1962) e em 45,18% por Singh e Singh (1974). Ant Hissar e Rona (1980) referiram que os cabritos Beetal eram constituídos por 34,72% de animais solteiros, 59,27% de gémeos e 6,51% de trigémeos, enquanto Amble et al (1964) tinham encontrado 24% de animais solteiros, 63% de gémeos, 11,5% de trigémeos e 1,5% de quadrigémeos, numa análise anterior do mesmo rebanho. A raça mais fértil do subcontinente indiano é a Black Bengal, na qual Moulick et al (1966) registaram 85% de nascimentos múltiplos, com 22% de animais solteiros, 54% de gémeos, 21% de trigémeos e 3% de quadrigémeos, durante um período de sete anos e 175 observações. Rahman et al (1977) registaram números ainda mais elevados, com 20,12% de filhos únicos, 40,02% de gémeos, 25,35% de trigémeos e 13,47% de quadrigémeos.

Dentro de um rebanho caprino, as influências ambientais afectam a taxa de partos, de modo que o ano e/ou a estação do ano podem afetar significativamente o resultado (Moulick et al. 1966, Tantawy e Ahmed, 1960 e Amble et al. 1964). Parasada et al (1972) consideraram que o aumento de nascimentos múltiplos de cabras Jumnapari no inverno (59,03%) em comparação com o verão (45,06%) se devia a uma melhor pastagem no inverno. Por outro lado, Stagnaro e Castillo (1971), na Venezuela, verificaram que havia mais nascimentos múltiplos no verão, devido ao efeito das chuvas da primavera.

Está bem estabelecido que a prolificidade aumenta com a idade e permanece elevada durante vários anos antes de diminuir lentamente. Shanmugasunderum (1957), em cabras Malbari, na Índia, relatou que a proporção de gémeos e trigémeos aumentou de 19% na primeira parição para 79% na segunda e última parição. Singh (1973) concluiu que 62,02% das cabras Jumnapari com mais de 45 meses de idade deram à luz gémeos, enquanto que apenas 27,37% das cabras com menos de 36 meses de idade deram à luz gémeos. Nas cabras Kilis, na Turquia, o número máximo de cabritos por parto foi atingido na sexta parição, quando se calculava que as cabras tinham cinco anos de idade (Yarkin e Eker, 1961).

2.8.2. Idade do primeiro filho

Algumas cabras tropicais podem produzir o seu primeiro cabrito com 11-14 meses de idade, enquanto que outras só dão à luz depois dos dois anos de idade (Singh e Singh, 1974). Badawy et al (1972) verificaram que as cabras nascidas sozinhas tiveram o primeiro cio com uma idade média de 194,38 dias contra 293,50 dias para as nascidas gémeas. Epsrein e Herz (1964) mostraram que as cabras Maber (cabras da montanha da Síria) e as cabras Neva podem dar à luz com um ano de idade quando são geridas de forma superior, embora na criação primitiva não dêem à luz antes dos dois anos de idade. Robinet (1971) referiu que, no Níger, as cabras Maradi criadas em aldeias só tinham o primeiro cabrito aos 12 meses de idade. A idade média do primeiro parto indicada por alguns autores é apresentada no quadro (2).

Tabela (2) Idade ao primeiro parto e intervalo entre partos para algumas raças de cabras

Raça	País	Idade do primeiro filho/semanas	Intervalo médio entre partos/dias
Alpino	Índia	77.5	382.4
Anglo-nubiano	Índia	101.6	335.0
Angorá	Índia	103.0	361.0
Pecuária	Índia	75.0	308.9
Boer	*G.F.R	-	392.0
Jumnapari	Índia	100.0	-
Katjang	Malásia	62.5	240.0
Maradi	Níger	61.0	332.4
Anão da África Ocidental	Gana	51.0	258.0
Zraiby	Egito	75.0	365.0

*República Federal da Alemanha
Ref (Devendra e Burns, 1983)

2.8.3. Intervalo de gravação

É o período que decorre entre dois despedimentos consecutivos e é constituído pelos seguintes elementos
período de serviço (desde o parto até à conceção) e período de gestação.
Período de gestação

A duração média é de 146 dias nos caprinos e varia de 143 a 153 dias. (Kaura, 1943, Devendra e Burns, 1962 e Oppong 1965).

O período médio de gestação nas cabras pigmeus da África Ocidental foi de

A duração da gestação é de 141,3±4,7 dias segundo Otchere e Nimo (1975), 143,5 dias segundo Kirkpatrick e Akindele (1974) e 146,2±2,7 dias segundo Montasma et al. (1981). Shelton (1978) sugeriu que a gestação curta pode ser uma caraterística de raças pequenas de cabras. Na cabra, o período de acasalamento é o fator determinante mais importante do intervalo entre partos, uma vez que a diferença na duração da gestação é pequena e de pouca importância prática. Na Malásia, Devendra e Burns (1962) referiram que o período de gestação das cabras Anglo-Nubianas de raça pura era em média de 327 dias, enquanto que o das cabras Katjang locais era em média de 92 dias e o das cabras cruzadas era em média de 204 dias. Carmenate (1977) verificou que o intervalo entre partos era significativamente maior nas cabras Sannen (327 dias) do que nas cabras Toggenburg (306 dias) em Cuba. Os intervalos médios de partos registados por alguns autores são apresentados no Quadro 2. É surpreendente verificar que apenas três dos intervalos de partos indicados são inferiores a 300 dias, o que corresponde ao intervalo máximo que permitiria três partos em dois anos, quando sabemos que muitas raças de cabras africanas podem parir duas vezes por ano e que é muito comum parir três vezes em dois anos.

2.8.4. Peso à nascença

O peso à nascença é uma caraterística animal importante que afecta tanto a produção como a eficiência reprodutiva do animal. O peso à nascença é afetado por muitos factores genéticos e ambientais, como o sexo, o tipo de parto, a idade da mãe, o peso da mãe, a paridade, o nível nutricional, o ano e/ou a estação do ano.

Mitall (1979) referiu um efeito significativo da raça, do sexo, do tipo de parto, da estação do parto e da idade da mãe no peso à nascença das cabras Barbari e Jumnapari. Amble et al (1964), Guha et al (1968) e Moulick e Syrstad (1970) referiram que os gémeos e os trigémeos tinham um peso à nascença inferior ao dos gémeos solteiros nas cabras Beetal e Black Bengal. Pant (1968), Carrer e Delparra (1969) e Prasada et al (1972), trabalhando com cabras Anglo Nubian X Cranda e Barbari Angora, verificaram que os machos tendiam a ser mais pesados do que as fêmeas. Singh (1973) referiu que os cabritos Jumnapari machos eram mais pesados do que as fêmeas.

Moulik e Syrstad (1970) observaram que num rebanho de cabras da raça Black Bengal, a idade da mãe causava uma variação significativa no peso dos cabritos ao nascer e que o peso dos cabritos ao nascer estava positivamente correlacionado com o peso da mãe. Em geral, o peso à nascença das raças tropicais autóctones era inferior ao das raças temperadas e dos seus cruzamentos com raças tropicais (quadro 3).

Tabela (3) Peso ao nascer (Kg) de algumas raças de cabras tropicais.

Raça	Localização	Homens		Mulher	
		Individual	Gémeos	Individual	Gémeos
Angorá	Lohare/ Paquistão	2.9*	-	2.4*	-
Barbari	Ágar/ Índia	2.2	-	1.9	-
Pecuária	Karnal/ Índia	-	-	2.9	2.7
Boer	África do Sul	3.7+	-	-	-
Damasco	Rehavol/ Israel	2.6	2.3	2.4	2.0
Jumnapari	Mãe/ Índia	3.8+	-	-	-
Núbio Sudanês	Egito	1.8+	-	1.8+	-

Montanhas da Síria	Rehavol/ Israel	3.6	3.2	3.5	2.9
Bengala preta katjang	Harring hotto/ Índia	1.3*	-	1.1*	-
Pequena África Oriental	Serere/ Uganda	1.6*	-	1.5*	-
Mubende	Buganda/ Uganda	1.9*	-	1.7*	
Anão da África Ocidental	Gana	1.39*	-	1.42+	-

+ peso médio para ambos os sexos

*Peso médio das crianças nascidas de uma só mãe e das crianças nascidas de várias mães

Ref (Devendra e Burns, 1983)

2.8.5. Peso no vencimento

O peso maduro tem um valor económico importante, pois determina o peso ótimo de abate do animal ( ). Fornece igualmente informações sobre a utilização da raça para a produção de carne. Fornece igualmente informações sobre a utilização da raça para a produção de carne. O peso maduro é influenciado por muitos factores, como a raça, o sexo, o tipo de parto, a nutrição e o maneio. O peso adulto e a aptidão de algumas raças de cabras africanas são apresentados no quadro (4).

Quadro (4) Peso adulto de algumas cabras tropicais africanas e sua aptidão para a produção

Raça / Tipo	País/ Zona	Peso na maturidade Kg)	Capacidade de produzir
Sudão Deserto/ Sahel	Senegal para Sudão/ árido e semi-árido	35	Carne e leite
Maradi	Níger, Nigéria	30	Pele, leite e carne
Sokoto vermelho	Sul semi-árido	-	Carne
Núbio	Sudão/ Reveriano	50	Leite
Abissínio	Etiópia árida e semi-árida	30	Leite
Pequena África Oriental	Quénia / terras altas semi-áridas	35	Leite e carne
Mubende	Uganda/ terras altas semi-áridas	30	Pele e carne
Boer	Quénia / terras altas semi-áridas	45	Carne e cruzamentos

Ref (Wilson, 1982)

2.8.6. Mortalidade

A taxa de mortalidade dos cabritos é o principal fator que determina a produtividade de um rebanho e é um indicador sensível da eficácia do maneio. A mortalidade dos cabritos tende a variar com a idade do animal e a mortalidade mais elevada é geralmente observada no início da vida, tal como foi referido por Minett (1950) em cabras Barbari. Wilson (1976) verificou que a morte de cabritos (incluindo os nados-mortos) até aos seis meses de idade representava quase 80% de todas as mortes em rebanhos de cabras do deserto e 29,5% dos cabritos nascidos em West Darfur, no Sudão. El Neim (1979) registou uma mortalidade de 50% dos cabritos e uma mortalidade fetal de 12%, que aumentou para 32% durante a vida neonatal das cabras núbias. Singh et al (1987) referiram que a mortalidade mais elevada se registava no início da vida. A mortalidade elevada das cabras durante a estação das chuvas foi também referida por Minett (1950) e confirmada por Ahmed e Tantawy (1960).

A mortalidade elevada dos caprinos adultos, embora menos frequente do que a dos cabritos, pode resultar do aparecimento da doença, particularmente nos rebanhos enfraquecidos por uma alimentação deficiente e que sofrem de stress térmico, como acontece com as raças temperadas importadas para as regiões tropicais. Wilson (1976) observou no Darfur Ocidental que as cabras que apresentavam sintomas de doença eram abatidas. Por conseguinte, as cabras abatidas por doença não foram incluídas nas mortes mas sim nas perdas. O autor referiu uma taxa de mortalidade de 11,6% nos rebanhos de cabras sedentárias, que era significativamente mais baixa do que a taxa de mortalidade de 22,2% nos rebanhos de cabras migratórias.

2.9. Caraterísticas da carcaça

A economia da carcaça depende do rendimento da carne vendável e da qualidade da desmancha e da transformação da carne. Na indústria, a primeira é avaliada subjetivamente com base na confirmação da carcaça e na quantidade e distribuição da gordura visível na carcaça. A avaliação da qualidade da desmancha e da transformação da carne ( ) é fortemente influenciada pelos costumes e preferências locais. Em grande parte do mundo, as comunidades em vias de desenvolvimento são mais ou menos dependentes da cabra como fornecedor de carne e utilizam todas as partes da cabra, qualquer que seja a sua qualidade (Devendra e Burns, 1970).

2.9.1. Percentagem de vestuário

É definida como a proporção da carcaça preparada dividida pelo peso de abate multiplicado por 100. Pode ser calculada com base na massa corporal cheia ou vazia. É mais exato indicar a percentagem de preparação com base na massa corporal vazia, a fim de eliminar as variações causadas pelo conteúdo do aparelho digestivo, que tem um efeito considerável na percentagem de preparação e representa até 29% do peso vivo (Owen et al. 1977). A importância da percentagem de preparação para o consumidor e para o produtor reside no facto de definir a parte vendável do animal.

A percentagem de aprestos é afetada por muitos factores como a idade, o sexo, a nutrição, a espécie e o estado de pesagem. Pant (1980) registou um aumento da cobertura com a idade e o peso nos caprinos machos, mas uma diminuição nas fêmeas. Gaili et al (1972) e Gaili (1976) referiram que o nível nutricional tinha um efeito significativo na percentagem de aprestos das cabras do deserto do Sudão e que a percentagem de aprestos variava entre 40,36 e 43,01 e entre 49,01 e 54,08 para as cabras não fertilizadas e fertilizadas, com um ano de idade e adultas, respetivamente.

Em geral, a castração tem um efeito sobre a percentagem de acabamento dos animais de carne e o momento da castração é importante. A castração precoce (7 dias) em cabras Damuscus produziu carcaças mais gordas com uma percentagem de preparação mais elevada (55,7) do que em machos inteiros (54,1). Em contraste, a castração tardia de cabritos (7,5 meses) com um peso vivo de 44 kg não foi bem sucedida e produziu uma percentagem de cobertura inferior de 54,9 (Lauca et al. (1977)). Os castrados têm geralmente uma percentagem de cobertura 2,4% mais elevada do que os machos. Owen e Norman (1977) relataram percentagens de engorda de 52,2% e 55,8% em cabritos castrados do Botsuana e cabras, respetivamente. Babiker et al (1985) registaram uma percentagem de preparação de 45,82% em cabritos inteiros do deserto sudanês com 7,5 meses de idade e 47,36% em cabritos castrados. Bello (1985) calculou a percentagem de preparação numa base de carcaça quente para cabritos locais do deserto sudanês e os seus cruzamentos temperados em 54,14% e 54,48%, respetivamente. Elkhidir (1989) relatou uma percentagem de preparação de 53,1 para cabras do deserto do Sudão abatidas com 33 kg de peso vivo, um valor que era superior ao das ovelhas do deserto alimentadas com a mesma dieta.

Elfadil (1996) estudou o efeito do nível de energia em cabras do deserto do Sudão e registou uma percentagem de preparação de 50,42, 48,8 e 44,16 para níveis altos, médios e baixos, respetivamente. Hassaballa (1996) estudou o efeito do sexo na carne de cabra e registou uma percentagem de preparação de 55,25% e 55,14% para os machos e as fêmeas das cabras do deserto do Sudão, respetivamente.

2.9.2. Os grossistas reduzem os rendimentos

A proporção de carne magra é a parte mais favorável da carcaça e é de grande importância para o produtor e para o consumidor. O termo "magra" refere-se à carne comestível com gordura subcutânea e intramuscular. A carne comestível divide-se em carne de primeira e de segunda qualidade. A carne de primeira qualidade é composta por músculos situados na parte proximal do membro posterior e na zona dorsal ao nível da quinta costela nos ovinos e caprinos e inclui os seguintes elementos: perna e sela, lombo e melhor extremidade do pescoço. Khan e Sahani (1979) referiram que, nas cabras de Jumnapari, a percentagem de espádua na carcaça era de 20,78%, a perna de 30-31,6% e o lombo de 10,83-12,54%. Babiker et al (1985) referiram que a percentagem de espádua na carcaça era de 20,78%.

A percentagem de diferentes cortes na carcaça fria dos cabritos do deserto do Sudão é de 37,78% para a perna e o campo, 34,68% para o quarto dianteiro curto, 8,28% para o lombo, 6,8% para a melhor parte do pescoço, 5% para o peito e 8,24% para o pescoço. Bello (1985), na sua comparação entre os caprinos sudaneses do deserto e os seus congéneres de clima temperado, indicou que as percentagens respectivas de cortes por grosso eram as seguintes: perna e campo 29,49% e 28,85%, quarto dianteiro curto 36,13% e 36,21%, lombo 8,5% e 8,13%, melhor parte do pescoço 5,75% e 5,83%, peito 5,51% e 5,64% e pescoço 9,1% e 7,99%. Hassaballa (1996) estudou as percentagens respectivas dos cortes de gordura dos machos e das fêmeas da cabra do deserto do Sudão: pernas e campo 31,1% e 33,18%, quarto dianteiro curto 38,43% e 33,15%, lombo 9,15% e 11,57%, melhor pescoço 7,81% e 8,68%, peito 5,04% e 6,78% e pescoço 8,09% e 7,38%. Elfadil (1996) estudou o efeito do nível de energia em cabras do deserto do Sudão e registou as percentagens de cortes de carne por grosso como perna e campo 31,16%, 31,02% e 30,85%, quarto dianteiro curto e simples 38,31%, 38,28% e 38,13%, lombo e lombinho.

9,33%, 9,32% e 9,1%, gola alta 7,87%, 7,87% e 7,54%, peito 5,04%, 4,79% e 4,81% e gola alta 8,07%, 8,11% e 8,27%,

respetivamente médio e baixo.

2.9.3. Relação entre músculos e ossos

A relação músculo/osso é de extrema importância, uma vez que é considerada um fator genético determinante do crescimento, embora a deposição de gordura possa ser controlada pelo ambiente. Wood et al (1980) referiram que a relação músculo/osso era geralmente afetada pelo peso da carcaça e não pela raça. Osman (1984) registou rácios músculo/osso de 1,62, 1,83 e 2,04 para cabritos do deserto sudanês alimentados com diferentes níveis de alimentação. Bello (1985) registou rácios músculo/osso de 2,81 e 3,0 para cabras do deserto sudanesas locais e seus cruzamentos temperados, respetivamente. Elkhidir (1989) registou um rácio músculo/osso de 3,0 em cabras do deserto, que é superior a 2,7 para ovelhas do deserto. Elfadil (1996) registou uma relação músculo/osso de 2,69, 2,59 e 1,93 para cabritos do deserto alimentados com níveis de energia altos, médios e baixos, respetivamente. Além disso, Hassaballa (1996) registou um rácio músculo/osso de 2,52 para os machos e de 2,6 para as fêmeas em cabritos do deserto.

2.10. Componentes não ligados à carcaça

Os componentes não cancerígenos incluem a pele, a cabeça, os pés, os pulmões e a traqueia, o fígado e o trato digestivo. A importância dos componentes não cancerígenos reside na determinação da porção comestível e vendável da carne de cabra, que depende da aceitação social. No mercado africano, Wilson (1958) observou que a proporção considerada comestível era diferente da que era aceite na Europa. Os outros componentes da carcaça dependem da idade, da raça e da nutrição. Owen e Norman (1977) referiram que os pesos da cabeça, dos pés e dos pulmões se tornam progressivamente mais pesados nos caprinos com a idade. Gaili (1977) referiu que a gordura omental apresentava uma taxa de crescimento relativo significativamente mais rápida ($p<0,05$) do que o peso do corpo vazio e que a percentagem de gordura omental em relação ao peso do corpo vazio aumentava continuamente, enquanto a pele permanecia mais ou menos constante.

Bello (1985) referiu que a percentagem de cabeça era significativamente ($p<0,05$) mais elevada nos cabritos do deserto local do que nos seus homólogos de clima temperado. Elkhidir (1989) referiu uma diferença significativa noutros componentes da carcaça, com exceção do coração e dos testículos, quando as cabras do deserto foram comparadas com as ovelhas do deserto. Hassaballa (1996) referiu que a cabeça, a pele, os órgãos reprodutores e os quatro pés eram mais pesados nos machos do que nas fêmeas das cabras do deserto, enquanto o fígado, os pulmões, o baço, a traqueia, o diafragma, o trato digestivo (vazio), a gordura omental e mesentérica eram mais pesados nas fêmeas do que nos machos.

Capítulo 3

3. Métodos de estudo

Este estudo foi efectuado nos Montes Nuba orientais, no estado do Cordofão do Sul, Sudão. Centrou-se na área circundante da cidade de Rashad (11,30° e 12°N e 31,15° e 31,41°E). A altitude é de 3.000 pés acima do nível do mar. A região caracteriza-se por uma série de cadeias montanhosas, encostas sub-montanas e colinas estéreis intercaladas por planícies de vales largos e estreitos. A região situa-se na zona de savana da faixa saheliana do Sudão e pode ser classificada como tendo um clima quente e semi-árido. A temperatura média anual é de 26°C, com um mínimo de 13°C em janeiro-fevereiro e um máximo de 40°C em março-abril. A precipitação varia de 500 a 650 mm e ocorre numa única estação (Khareif), principalmente de junho *a* setembro, embora haja alguma precipitação em maio e outubro, e uma estação seca que dura seis a sete meses. A humidade relativa varia entre 18 e 78%, com um mínimo em fevereiro e um máximo em agosto. O solo é dominado por argilas fissuradas, com manchas de argilas arenosas e franco-arenosas. As encostas das montanhas e dos montes têm solos muito pouco profundos ou rochas nuas com materiais de solo. A Acacia seyal domina as argilas fissuradas e as franco-arenosas estão associadas a Sorghum spp. e Arestida spp.

O estudo abrangeu quatro sítios: a parte oriental de Soque Eljabel e Khor Elramla, a parte ocidental de Calowba e Colouro, a parte norte de Saraf Fallata e a parte sul de Khor Eawai.

A recolha de dados baseou-se num inquérito que incluiu medidas de vida e pesagem dos animais, para além de um questionário. Os proprietários de cabras Jabeli foram o foco do questionário, que foi concebido para gerar informações relevantes sobre o tamanho, a estrutura e a demografia do rebanho, bem como sobre as práticas de criação. As perguntas foram formuladas de modo a assegurar que os proprietários dos animais fornecessem as informações mais recentes e mais fáceis de recordar (Anexo). A idade foi determinada principalmente com base na dentição (Wilson e Dunkin, 1984). Os caprinos foram divididos em 5 grupos etários de acordo com a erupção dos dentes: dentes decíduos ou temporários, 1 par de incisivos permanentes, 2 pares de incisivos permanentes, 3 pares de incisivos permanentes, 4 pares de incisivos permanentes (traça completa). As medições descritas por (Owen et al. 1977) e Singh et al. (1979) incluíam a altura ao garrote, o comprimento do pescoço, a circunferência do coração, o comprimento da face, o comprimento do chifre, o comprimento das orelhas, a circunferência do focinho e o comprimento da cauda, para além dos pesos do corpo vivo. Os cabritos foram pesados nas 12-24 horas seguintes ao nascimento e foram registados o peso à nascença, o sexo e o tipo de nascimento.

A avaliação do rendimento, das caraterísticas e da composição das carcaças foi efectuada no matadouro da cidade de Rashad. Vinte e quatro cabras, das quais 12 machos e 12 fêmeas, foram compradas no mercado. Cada grupo de sexo era composto por 6 animais com dentes decíduos (grupo jovem) e 6 animais com 1 par, 2 pares, 3 pares ou 4 pares de incisivos permanentes (grupo adulto). Os animais foram abatidos após um jejum noturno, com exceção da água. As medidas corporais e os pesos de abate foram registados no momento do abate. O abate foi reformado localmente, servindo os vasos jugulares, o esófago e a traqueia sem atordoamento. O animal foi sangrado e a cabeça foi retirada na articulação atlanto-occipital; a preparação foi completada com a esfola, a evisceração e a disjunção dos canhões para retirar os pés. A carcaça preparada foi pesada para obter o peso da carcaça quente. Os órgãos internos e as miudezas foram pesados. O peso do corpo vazio foi calculado após determinação do enchimento do intestino como a diferença entre um trato digestivo cheio e um trato digestivo vazio. A percentagem de preparação foi calculada com base no peso vivo e no peso do corpo vazio. Os componentes não carcaça, como o fígado, o intestino, a cabeça, a pele, os pés, os pulmões, a traqueia, o esófago, o baço, o estômago, o intestino e os órgãos reprodutores, foram pesados separadamente. As carcaças foram cortadas a quente, uma vez que não existiam instalações de refrigeração na região. A cauda foi retirada na articulação.

bem como os rins, a tíbia renal e a gordura do canal. A carcaça foi então dividida em lados direito e esquerdo ao longo da coluna vertebral. O lado esquerdo foi pesado e dividido em seis cortes grossos (MLC, 1976) para dissecação. Os cortes foram os seguintes: pescoço, quarto dianteiro curto simples, melhor extremidade do pescoço, peito, lombo, coxa e flanco. Cada peça foi pesada e dissecada em gordura, músculo, osso e aparas. A carne foi coberta com toalhas molhadas durante a dissecação para evitar a perda de peso por evaporação e o peso de cada corte e tecido foi registado. Foram calculados a média (X), o desvio-padrão (d.p.), o erro-padrão (se) e o coeficiente de variação (C.V.) para o peso corporal, as medidas dos animais vivos, o tamanho e a estrutura do efetivo e as caraterísticas e composição da carcaça. Além disso, as médias das caraterísticas e da composição das carcaças foram comparadas utilizando o teste t de Student (Snedecor e Covhran, 1980).

A abordagem deste estudo consistiu em sintetizar os dados e informações gerados pela tese de estudo. Os dados obtidos foram organizados de acordo com o maneio e a produção. Assim, foram destacadas a descrição da raça, as práticas de maneio, as caraterísticas reprodutivas e o potencial de produção de carne.

Capítulo 4

4. Cabra etiquetadora

4.1. Descrição da raça

A origem da cabra é desconhecida, mas o seu povoamento e a sua presença estão associados às montanhas e aos montes. O tagger é uma cabra pequena e robusta, com pernas e orelhas curtas, chifres, crina e barbilhões. Os machos têm barba. A pelagem é curta e a cor varia entre o creme, o castanho e o castanho escuro. Devido ao seu pequeno tamanho e às pernas curtas, são muito activos e estão bem adaptados às condições topográficas e climáticas que prevalecem na região, bem como à vegetação que domina os terrenos da serra (Mofarrah, 1995).

Os quadros (5 e 6) apresentam dados sobre o peso corporal e as medidas dos animais vivos e a placa (1) mostra uma fotografia de uma cabra taggar adulta. A cor predominante da pelagem é creme a castanha, com alguns indivíduos a apresentarem uma pelagem cinzenta a castanha escura (placa (2)). A pelagem é coberta de pêlos curtos. O corpo é de tamanho pequeno a médio, com uma altura média ao garrote de 51 - 63 cm e 52 - 56 cm para os machos e as fêmeas, respetivamente, e um peso adulto médio de 17 - 23 kg, com um perímetro cardíaco de 68,28 - 72,87 cm para os machos e de 16 - 21 kg, com um perímetro cardíaco de 64,20 - 65,32 cm para as fêmeas. A cabeça é pequena, com uma face curta e um perfil ligeiramente arredondado. As orelhas são geralmente pequenas e curtas, com 10 a 16 cm de comprimento, tubulares com uma fenda que se abre para o exterior. Ambos os sexos têm chifres curtos e pequenos, com 3 a 11 cm de comprimento. Os chifres dos machos são fortes e grossos na base. Os cornos apontam para cima, para trás e, por vezes, são curvos. O pescoço, com um comprimento médio de 18-22 cm, é grosso nos machos e relativamente fino nas fêmeas. Os machos têm geralmente uma barba espessa e algumas fêmeas mais velhas também têm barba. Os machos têm uma juba de espessura variável que se estende até à cernelha ou mesmo atrás dela. O dorso é curto, entre 33 e 40 cm de comprimento, e ligeiramente inclinado. As patas são curtas e fortes.

As fêmeas têm úberes pequenos com tetas pequenas. A cauda é curta (9 a 11 cm) e curvada para cima.

Placa (1) cabra de marcação

Prato (2) mistura de cores de cabra

Tabela (5) Médias gerais das medidas dos animais vivos (cm) e do peso corporal (kg) dos caprinos machos marcados.

Medidas (cm)	Temporário	Incisivos permanentes		
	Incisivos	1 par	2 pares	3 pares
Altura ao garrote	51.48±0.14	55.91±0.12	58.97±0.11	62.87±0.13
Comprimento do pescoço	18.84±0.10	18.80±0.07	20.17±0.14	20.40±0.09
Comprimento da orelha	12.30±0.04	13.32±0.03	13.63±0.04	14.53±0.06
Comprimento do rosto	14.66±0.08	16.04±0.05	17.04±0.05	17.00±0.05
Comprimento do chifre	6.24±0.07	9.50±0.08	11.13±0.07	11.80±0.09
Comprimento do dorso	33.52±0.09	36.00±0.07	37.61±0.09	40.53±0.16

Tour de cœur	57.72±0.18	64.72±0.13	68.28±0.08	72.87±0.24
Circunferência do cano	66.16±0.23	73.16±0.11	77.30±0.15	82.80±0.22
Comprimento da cauda	9.22±0.04	9.22±0.03	10.00±0.04	11.53±0.08
Peso vivo	13.90±0.11	17.97±0.07	20.17±0.13	23.23±0.31

Tabela (6) Médias gerais das medidas do animal vivo (cm) e do peso corporal (kg) das cabras marcadas.

Objeto	Temporário Incisivos	Incisivos permanentes			
		1 par	2 pares	3 pares	4 pares
Altura ao garrote	51.56±0.13	54.63±0.16	55.80±0.12	55.28±0.16	56.08±0.11
Comprimento do pescoço	18.48±0.08	21.28±0.16	20.16±0.09	21.24±0.16	22.40±0.17
Comprimento da orelha	12.66±0.04	13.80±0.05	13.74±0.04	13.86±0.04	13.70±0.06
Comprimento do rosto	14.80±0.04	15.18±0.04	15.64±0.04	16.16±0.04	15.90±0.04
Comprimento do chifre	4.58±0.06	5.80±0.06	6.76±0.06	6.70±0.06	7.70±0.05
Comprimento do dorso	33.12±0.11	36.36±0.11	38.84±0.09	39.16±0.13	40.00±0.11
Tour de cœur	54.20±0.06	60.20±0.05	63.08±0.09	64.20±0.13	65.32±0.18
Circunferência do cano	65.28±0.13	76.25±0.21	72.32±0.14	76.32±0.24	79.72±0.28
Comprimento da cauda	9.08±0.05	10.04±0.07	9.08±0.06	10.28±0.04	10.00±0.07
Peso vivo	13.39±0.09	16.32±0.09	18.53±0.07	20.00±0.12	21.31±0.21

4.2. Gestão

4.2.1. Sistema de alimentação eléctrica

Nas regiões em desenvolvimento, as cabras são tradicionalmente criadas ao ar livre ou em grupos, com poucos cuidados. As cabras Tagger locais, tal como muitas outras cabras, são animais curiosos e podem percorrer rapidamente longas distâncias em busca de alimentos. As cabras Tagger preferem a vegetação e são capazes de selecionar os tipos de árvores, arbustos e ervas que preferem. As cabras Tagger são mantidas num sistema de gestão extensivo muito tradicional (3), caracterizado por um número limitado de animais por unidade de superfície, baixa produtividade por unidade animal, utilização limitada de tecnologias melhoradas e utilização de subprodutos agrícolas em vez de factores de produção comprados. O tipo mais comum é o pastoreio em pastagens naturais comunitárias, com custos de produção nulos e baixos níveis de produção. As cabras são mantidas durante as estações de crescimento e deixadas a vaguear livremente durante a estação seca.

Placa (3): pastoreio e utilização de pastagens nas pastagens

Durante a estação de crescimento, as cabras são recolhidas de manhã cedo pelas crianças das casas dos seus donos para serem levadas para o pasto comunitário situado a 3-5 km da aldeia, e trazidas de volta à noite, onde são amarradas com cordas (4) ou mantidas em currais noturnos, geralmente feitos de ramos de árvores espinhosas. Estes currais mantêm as cabras dentro de casa durante a noite e protegem-nas dos predadores (5). As pessoas que possuem grandes rebanhos de cabras e de gado bovino deslocam-se com os seus rebanhos para acampamentos a cerca de 10 km da aldeia durante a época das colheitas ou das chuvas, para manter os animais afastados das culturas. Quando as culturas são colhidas, regressam com os seus rebanhos às suas aldeias. Durante a estação seca ou de não colheita, as cabras são deixadas a vaguear livremente durante o dia. Durante este período, as cabras têm acesso aos resíduos das culturas, tais como cascas de amendoim, Lubia (Vigna unquiculata) e talos de sorgo. As cabras não recebem suplementos ou concentrados, apenas sal durante a estação ocidental.

Placa de fixação do revestimento (4)

Placa (5) invólucro noturno

4.2.2. Dimensão e estrutura do efetivo :

O quadro (6) mostra os dados relativos à dimensão e estrutura dos efectivos. A dimensão dos rebanhos varia, com apenas 30% dos inquiridos a possuírem mais de 40 cabras, com uma média de 52 cabras. O tamanho médio do rebanho para todos os inquiridos era de 29 cabras. O número médio geral de fêmeas no rebanho foi de 66,65%; as fêmeas reprodutoras representavam 48,33% do total do rebanho e as fêmeas jovens 18,32%. Os machos representavam 25,2% do efetivo. Desta proporção, os machos reprodutores representavam 7,54%, os machos jovens 17,66% e os castrados 7,99% do efetivo total. Em geral, os machos reprodutores constituem a maioria do efetivo. Normalmente, um ou dois machos são mantidos no bando para reprodução, enquanto que neste estudo a proporção de machos no bando aumentou à medida que o tamanho do bando aumentou. O rácio geral entre machos e fêmeas foi de 6,4.

Quadro (7) Dimensão e estrutura do efetivo

Tamanho do efetivo	Idade /sexo	Suckling	Cabra	Reprodução	Castrati	No seu conjunto
1 - 20	Homens	7.30±0.32	7.87±0.03	5.97±0.71	7.0±0.4	29.64±0.83
Petit	Feminino%.	9.64±0.83	6.62±0.21	55.55±0.80	-	72.80±1.1
21 - 40	Homens	11.52±0.51	8.83±0.21	7.36±0.17	6.10±0.54	33.81±093
Médio	Feminino%.	12.26±1.27	6.94±0.01	46.70±0.60	-	66.90±1.34
> 40	Homens	10.24±3.07	6.90±0.12	9.29±0.31	10.93±1.04	37.33
Grandes dimensões	Feminino%.	12.60±1.53	9.40±1.30	42.74±1.7	-	63.74±4.8
Média global Estrutura do efetivo	Homens	9.79±1.32	7.87±1.30	7.54±0.96	7.99±1.45	33.19±5.03
	Feminino%.	11.50±0.94	6.99±0.23	48.33±3.79	-	66.82±3.93

4.2.3. Gestão do gado

A reprodução sem controlo é uma prática comum e os machos e as fêmeas encontram-se durante todo o ano. O acasalamento e a reprodução não são, portanto, controlados e o período de parto concentra-se nas estações mais disponíveis. A reprodução depende da presença de machos maduros na manada. Nenhuma das pessoas entrevistadas praticava uma reprodução controlada. Os machos e as fêmeas pastam juntos e são mantidos juntos nos cercados durante a noite. Alguns dos entrevistados não têm machos maduros no seu rebanho e as fêmeas são servidas quando os animais se misturam no pasto comum durante a pastagem. Embora o acasalamento e a reprodução não sejam controlados e não exista uma época de reprodução, os proprietários dos rebanhos referiram picos de atividade de reprodução e de parto durante as estações em que há maior disponibilidade de alimentos, principalmente no início da precipitação, de junho a julho (Rushash) e depois da colheita, de setembro a novembro (Darat), quando se dá a maior parte dos nascimentos, tal como indicado por Willamson e Payne (1959), as cabras tropicais reproduzem-se durante todo o ano, com um pico em certos meses.

4.2.4. Castração

Os machos que não são selecionados para a reprodução são castrados quando atingem a maturidade sexual (10-12 meses) e logo após a época de reprodução, quando o criador se assegura de que todas as cabras reprodutoras são servidas e concebidas. O ideal seria que a castração fosse efectuada com menos de 3 semanas, mas nas condições do Sudão isso não acontece. Os criadores preferem a castração tardia, pois a castração precoce resulta no desenvolvimento de uma conformação corporal semelhante à da fêmea, o que faz com que o macho não tenha a musculatura e a conformação de marcação desejadas e seja vendido a um preço baixo. Os machos castrados são vendidos para abate quando têm 2 ou 3 anos de idade. Os machos são castrados principalmente para obter um preço mais elevado quando são vendidos mais tarde. Os criadores indicam que os machos castrados são geralmente mais gordos do que os machos intactos. Fazem menos perguntas quando pastam e têm menos tendência para perseguir as fêmeas em período de cio. Como resultado, os castrados são considerados mais fáceis de gerir na exploração e também aumentam a gordura da carcaça e removem o odor de macho da carne, tornando-a mais aceitável. Mohammed (1994) concluiu que a castração melhorava o desempenho, as caraterísticas da carcaça e a qualidade da carne dos caprinos e que a carne dos animais castrados tinha menos odor a macho do que a dos animais intactos.

4.2.5. Desmame

As crianças podem ser desmamadas em qualquer altura a partir dos três meses de idade. Se puderem ser deixados mais um mês, isso permitir-lhes-á maximizar o seu crescimento inicial. No entanto, este período de aleitamento prolongado pode não permitir ao criador obter três cabritos em dois anos. Os cabritos Tagger são deixados a pastar com as suas mães, pelo que começam a comer muito cedo e são separados à noite quando têm dois a três meses de idade. Os cabritos são desmamados naturalmente por volta dos 5 a 6 meses de idade, simplesmente porque na maior parte das cabras tropicais a produção de leite cai drasticamente dois a três meses após o parto. O desmame começa quando o cabrito tenta mamar nas tetas da mãe, que desloca a pata traseira na direção do cabrito e este se afasta, o que acontece várias vezes ao longo de um dia e nos dias seguintes.

4.3. Reprodução

A produtividade dos animais de criação é influenciada por uma série de interações entre o potencial genético da raça, o sistema de produção e o ambiente. O desempenho reprodutivo e de crescimento são medidas importantes da produtividade dos animais de carne. A capacidade reprodutiva é uma das caraterísticas de produção mais importantes para as cabras de carne, leite e fibras. Assim, uma elevada taxa de conceção, a idade do primeiro parto, a taxa de parto e o intervalo entre partos, a prolificidade e o peso ao nascer são também importantes.

4.3.1. Fertilidade e prolificidade

A fertilidade é indicada, para as mulheres, pelo número de serviços necessários para a conceção e, para os homens, pela qualidade dos espermatozóides. A prolificidade é a capacidade de produzir numerosos descendentes. Um animal prolífico deve ser altamente fértil. A prolificidade é expressa pelo número de filhos por nascimento (tamanho da ninhada) ou pelo número de filhos por fêmea por ano. Os caprinos são os mais prolíficos de todos os ruminantes domésticos em condições tropicais e subtropicais e algumas cabras são capazes de se reproduzir durante todo o ano (Hofmeyr et al., 1965; Devendra & Burns, 1970). A cabra Tagger é muito fértil, com uma taxa de natalidade de 175%. É também um animal muito prolífico e os criadores referem que os gémeos são muito comuns, especialmente no segundo cabrito e nos seguintes, e os trigémeos são raros. Os gémeos representaram 56,90%, os solteiros 43,10% e não nasceram trigémeos durante o inquérito.

4.3.2. Idade do primeiro filho

A idade ao primeiro parto variou de 12 a 18 meses e a média foi de 13,53 ± 5,45 meses. A idade do primeiro parto neste estudo foi superior à registada por Devendra e Burns (1983). Esta idade mais elevada ao primeiro parto pode dever-se ao facto de estas cabras terem sido criadas em condições ambientais naturais que foram afectadas pela sazonalidade das chuvas e, consequentemente, pela disponibilidade e qualidade das pastagens.

4.3.3. Intervalo de calibração

Os criadores referem que a maioria das cabras dá à luz duas vezes por ano. O intervalo entre partos varia de 6 a 10 meses, com uma média de 7,71 ± 0,32 meses. Este intervalo de partos permite parir três vezes em cada dois anos.

4.3.4. Peso à nascença

O peso médio à nascença dos cabritos marcados foi de 1,76 ± 0,44 kg para os machos nascidos solteiros e de 1,57 ± 0,02 kg para os nascidos gémeos. O peso total à nascença das fêmeas foi de 1,27 ± 0,00 kg. O peso médio à nascença para ambos os sexos foi de 1,46 ± 0,05 kg. É evidente que os filhos únicos são mais pesados do que os gémeos e que os machos são mais pesados do que as fêmeas (Quadro 7). As crianças nascidas durante a estação das colheitas (novembro/dezembro) tendem a ser mais pesadas do que as nascidas mais tarde, durante a estação seca (abril/maio), provavelmente devido à disponibilidade de alimentos, incluindo arbustos e árvores para pastagem e resíduos de culturas. O peso total ao nascer obtido neste trabalho foi semelhante ao das cabras anãs da África Ocidental no Gana (Sada e Vohradsky, 1973).

Tabela (8) Peso à nascença das crianças segundo o sexo e o tipo de parto.

Objeto	Número	Peso médio (Kg)
Homens solteiros	15	1.67 ± 0.03
Gémeos masculinos	22	1.57 ± 0.02
Geral para homens	37	1.62 ± 0.04
Mulheres solteiras	15	1.27 ± 0.03
Gémeos femininos	11	1.26 ± 0.02
Globalmente para mulheres	21	1.27 ± 0.00
Peso total à nascença	58	1.44 ± 0.05

4.3.5. Peso na maturidade :

Tem um valor económico importante, uma vez que determina o peso ótimo de abate do animal. Dá também uma indicação da aptidão da raça para a produção de carne. O peso adulto é influenciado por muitos factores, incluindo a raça, o sexo, o tipo de parto, a nutrição e o maneio. O peso adulto médio dos cabritos tagger situa-se entre 17,97 e 23,23 kg para os machos e entre 16,32 e 21,31 kg para as fêmeas (quadros 5 e 6).

4.3.6. Taxa de mortalidade

Foi difícil obter números reais ou significativos sobre a mortalidade, uma vez que nem todos os agricultores mantinham registos e confiavam na memória para as mortes ocorridas nos 12 meses anteriores ao estudo. A mortalidade juvenil foi estimada em 16,02% e a mortalidade adulta em 7,85%. A mortalidade elevada dos caprinos adultos, embora menos frequente do que a dos cabritos, pode dever-se ao aparecimento da doença. A mortalidade dos cabritos é um dos factores mais desfavoráveis na produção de caprinos, com perdas muito superiores a 50% e a mortalidade mais elevada ocorrendo geralmente no início da vida. Todos os criadores acreditam que a maior parte dos animais que morrem durante a estação das chuvas se perderam ou foram atacados por predadores, particularmente os cabritos, e que as infestações parasitárias internas e externas durante a estação das chuvas são também causas de mortalidade. Durante a estação chuvosa, os cabritos não eram autorizados a seguir as suas mães para o pasto onde poderiam ser expostos a predadores, mas eram criados em casa permitindo-lhes pastar perto da casa onde eram protegidos e cuidados, resultando numa baixa taxa de mortalidade. A perda para os predadores foi relatada como uma das principais causas de perda de cabritos.

4.3.7 Abate e eliminação de cabras :

O abate de cabras é um instrumento importante para o desenvolvimento de um bom efetivo. As cabras de marca representam um objeto de troca para satisfazer as necessidades da família e, em geral, as cabras inférteis e velhas, bem como as castradas, são as primeiras a ser vendidas para abate, numa proporção de 10-15%. Uma grande parte das cabras foi abatida no início do outono (ou seja, entre maio e junho).

4.4 Produção de carne

A carne de cabra é largamente consumida e é mesmo preferida à carne de carneiro em algumas partes do Sudão e em muitas partes de África (Jallons, 1959). Wahid (1965) relatou uma clara preferência pela carne de cabra no Paquistão, mesmo que o seu preço seja quase o mesmo que o da carne de carneiro. A procura de carne de cabra é muito elevada nas áreas rurais do Sudão e em muitos países africanos, onde pode obter um preço de mercado mais elevado do que a carne de vaca e de carneiro (Bello, 1985).

No Sudão, as cabras são criadas principalmente para a produção de leite pelas populações pobres das cidades e das grandes aldeias. Nas zonas rurais, são também uma importante fonte de produtos de carne.

O papel da cabra como animal produtor de carne só recentemente atraiu a atenção de investigadores locais, como El Neim (1979), Gaili e Ali (1985), Babiker, et al (1985), Ekhidir (1989), Mohammed (1994), El fadil (1996) e Hassaballa (1996).

As cabras são colhidas e consumidas de acordo com o seu sexo e idade. Devendra e Owen (1981) definiram três tipos de carne de cabra produzida nos trópicos: carne de cabrito (Cabrito, com idade entre 8 e 12 semanas). Os cabritos são abatidos quando atingem um peso corporal de 8 a 12 kg e este tipo de carne é popular nos países da América Latina ( ) assim como em África, carne de cabritos jovens de 1 a 2 anos quando atingem um peso de cerca de 18 a 28 kg e este é o tipo mais comum de carne de cabra e carne de cabras velhas de 2 a 6 anos. Este grupo produz geralmente uma carne mais dura devido à idade do animal e grande parte da carne de cabra produzida nas regiões tropicais provém deste grupo. As cabras Tagger são geralmente abatidas numa idade precoce sem serem engordadas, o que resulta em carcaças de baixo peso.

4.4.1 Caraterísticas da carcaça

4.4.1.1 Caraterísticas das carcaças dos cabritos marcados

O peso da carcaça é um fator que tem maior influência no valor de mercado do animal, uma vez que em alguns países existem preferências de mercado e diferenças de preço com base no peso da carcaça. A Tabela (9) apresenta dados sobre o peso de abate e caraterísticas da carcaça de cabritos Tagger abatidos sem engorda. O peso ao abate foi de 12,66 kg para os cabritos machos e de 13,33 kg para as fêmeas. O peso do corpo vazio foi de 9,59 kg contra 10,26 kg, e o peso da carcaça quente foi de 5,53 kg contra 5,33 kg para os cabritos machos e fêmeas, respetivamente, e não foi significativamente diferente. Acharya (1988) determinou que a percentagem de preparação se situa entre 42,7% e 55,4%, dependendo da idade de abate, da nutrição e da raça dos cabritos. Os cabritos machos foram mais preparados do que as fêmeas 43,69% contra 41,69% com base no peso de abate e 58,26% contra 54,39% com base na massa do corpo vazio, mas a diferença não foi significativa. De facto, a proporção da cabra que é comestível e vendável situa-se entre 75% e 81%, uma vez que a pele, os chifres e o conteúdo intestinal são as únicas partes que são descartadas, tal como referido pelos consumidores.

Quadro (9) Cabritos Tagger Caraterísticas da carcaça

Objeto	Homens	Mulher
Peso de abate (Kg)	12.66 ± 0.63	13.33 ± 0.29
Peso da carcaça quente (kg)	5.53 ± 0.27	5.33 ± 0.14
Massa do corpo vazio (Kg)	9.58 ± 0.55	10.26 ± 0.33
Percentagem de molho quente (com base no peso de abate) %.		

percentagem de cobertura do braço (com base na massa do corpo vazio) %.	43.69 ± 0.17 58.26 ± 0.87	41.69±0.64 54.39 ± 0.51

N.B. A proporção da composição total da carcaça foi inferior a 100% devido à perda de peso por evaporação.

4.4.1.2. Caraterísticas da carcaça dos caprinos adultos marcados

O quadro (10) mostra o peso de abate e as caraterísticas da carcaça de cabras Tagger adultas. O peso ao abate foi de 19,85 kg para os machos e de 21,7 kg para as fêmeas. O peso do corpo vazio foi de 16,42 kg em comparação com 17,64 kg e o peso da carcaça quente foi de 8,22 kg em comparação com 8,79 kg para os machos e as fêmeas, respetivamente. As percentagens de preparação foram de 40,7% contra 41,69% para os machos e as fêmeas, respetivamente, com base no peso de abate, e de 49,18% contra 49,25% para os machos e as fêmeas, respetivamente, com base no peso do corpo vazio. Os cabritos adultos marcados tinham um peso de abate mais elevado, um peso de carcaça quente, uma massa corporal vazia e uma percentagem de preparação mais elevada com base no peso de abate e na massa corporal vazia, mas as diferenças não eram significativas.

Quadro (10) Caraterísticas da carcaça de cabras Tagger adultas

Objeto	Homens	Mulher
Peso de abate (Kg)	19.85 ± 0.84	21.70 ± 0.56
Peso da carcaça quente (kg)	8.22 ± 0.56	8.79 ± 0.22
Massa do corpo vazio (Kg)	16.42 ± 0.74	17.64 ± 0.44

Percentagem de molho quente (com base no peso de abate) %.	40.7 ± 1.16	41.69±0.64
Percentagem de vestuário quente (com base na massa corporal vazia) %.	49.18 ± 1.27	49.25 ± 0.32

N.B. A proporção da composição total da carcaça foi inferior a 100% devido à perda de peso por evaporação.

4.4.2. Composição da carcaça

A composição física e química da carcaça determina o valor e o interesse da carne de caprino. Em geral, as cabras adultas têm menos ossos na sua carcaça do que os machos e produzem mais tecido comestível para o mesmo peso de carcaça. Também têm menos músculo do que os machos para a maior parte dos pesos, porque têm uma maior tendência para depositar gordura (Johnson et al., 1995b).

4.4.2.1 Composição das carcaças dos cabritos marcados

A composição da carcaça dos caprinos Tagger abatidos diretamente do pasto está resumida na tabela (11); o músculo da carcaça foi 61,01% para os machos e 57,42% para as fêmeas. Os ossos da carcaça representaram 18,04% para os machos e 23,31% para as fêmeas. A gordura total da carcaça foi de 5,44% nos machos e 4,41% nas fêmeas. A relação músculo/osso foi mais elevada nos machos (3,51)% do que nas fêmeas (2,47)%. É evidente que as proporções de músculo e gordura na carcaça total e a relação músculo/osso são mais elevadas nos cabritos machos, ao passo que o osso na carcaça total é mais elevado nas fêmeas, o que pode ser atribuído ao facto de os cabritos não terem atingido a maturidade sexual.

Quadro (11) Composição da carcaça dos cabritos Tagger

Objeto	Homens	Mulher
Músculo total da carcaça	61.01 ± 0.71	57.42 ± 0.39
Osso da carcaça total % da carcaça total	18.04 ± 0.86	23.31 ± 0.26
Gordura total da carcaça (%)	5.44 ± 0.37	4.41 ± 0.31
Limpeza total da carcaça	6.06 ± 0.21	6.54 ± 0.44
Rácio músculo/osso	3.51 ± 0.13	2.47 ± 0.03

N.B. A proporção da composição total da carcaça foi inferior a 100% devido à perda de peso por evaporação.

4.4.2.2 Composição da carcaça de cabras adultas marcadas

A composição da carcaça não foi significativamente diferente entre os machos e as fêmeas adultos de cabras Tagger, como mostra a tabela (12). O músculo da carcaça representou 57,72% para os machos e 56,69% para as fêmeas. O total de ossos da carcaça foi de 19,72% para os machos e 19,21% para as fêmeas. A gordura total da carcaça foi de 5,0% nos machos e 5,99% nas fêmeas. A relação músculo/osso foi mais elevada nos machos (3,14) do que nas fêmeas (3,01). As proporções de músculo e osso totais da carcaça e a relação músculo/osso tendem a ser mais elevadas nos machos, enquanto a proporção de gordura total da carcaça tende a ser mais elevada nas fêmeas.

Quadro (12) Composição da carcaça de cabras Tagger adultas

Objeto	Homens	Mulher
Total de músculos da carcaça % (%)	57.72 ± 1.03	56.69 ± 0.71
Osso da carcaça total % da carcaça total	19.72 ± 0.96	19.21 ± 0.50

Gordura total da carcaça (%)	5.0 ± 0.50	5.99 ± 0.71
Limpeza total da carcaça	9.82 ± 0.59	10.12 ± 0.25
Rácio músculo/osso	3.14 ± 0.26	3.01 ± 0.08

N.B. A proporção da composição total da carcaça foi inferior a 100% devido à perda de peso por evaporação.

4.4.3. Eficiência do corte grossista

4.4.3.1. Rendimento dos cabritos Tagger em cortes por grosso

As proporções de cortes primários das meias carcaças de cabritos Tagger machos e fêmeas são apresentadas na tabela (13). A proporção de cortes primários foi de 33,34% em comparação com 34,25% para a perna e o flanco, 31,36% em comparação com 29,38% para o quarto dianteiro curto, 9,26% em comparação com 9,84% para o lombo, 8,44% em comparação com 6,33% para a melhor extremidade do pescoço, 5,84% em comparação com 3,32% para o peito e 6,64% em comparação com 7,5% para o pescoço, para cabritos machos e fêmeas, respetivamente. As proporções de perna e corcunda, quarto dianteiro curto, melhor pescoço e peito foram maiores nos machos, enquanto as proporções de lombo e pescoço foram maiores nas fêmeas.

As proporções de articulações eram comparáveis às relatadas por (Bello, 1985; Hassaballa, 1996; e Elfadil, 1996).

Quadro (13) Rendimento dos cabritos "tagger" para as peças de venda por grosso em percentagem do peso da carcaça quente.

Objeto	Homens	Mulher
Pernas e nádegas	33.34 ± 2.04	34.25 ± 1.36
Um único bairro antes do	31.61 ± 1.16	29.38 ± 0.91
tribunal.	9.26 ± 0.07	9.84 ± 0.16
Fora	8.44 ± 0.48	6.33 ± 0.33
Melhor final de corrida.	5.84 ± 1.62	3.32 ± 0.01
Sein%.	6.64 ± 1.10	7.50 ± 0.50
Pinça%		

N.B. A proporção de cortes totais por grosso foi inferior a 100% devido à perda de peso por evaporação.

4.4.3.2. Cabras Tagger adultas, corte por atacado

O quadro (14) mostra o rendimento das peças grandes da carcaça dos caprinos adultos, machos e fêmeas, da raça Tagger. As proporções das peças grandes são as seguintes: perna e fúrcula 33,34% contra 34,25%, quarto dianteiro curto 31,36% contra 29,38%, lombo 9,26% contra 9,84%, cachaço 8,44% contra 6,33%, barriga 5,84% contra 3,32% e pescoço 6,64% contra 7,5% para os cabritos machos e fêmeas, respetivamente. É evidente que a perna, a corcunda e o melhor pescoço são ligeiramente mais pesados nas fêmeas, enquanto o quarto dianteiro curto simples, o leão, o peito e o pescoço são mais pesados nos machos.

Quadro (14) Cortes de gordura de cabras Tagger adultas em percentagem do peso da carcaça quente.

Objeto	Homens	Mulher
Pernas e nádegas	32.18 ± 4.48	32.90 ± 1.19
Um único bairro antes do tribunal.	32.32 ± 0.01	30.63 ± 1.08
Fora	10.00 ± 0.01	8.82 ± 0.28
Melhor final de corrida.	6.62 ± 0.02	7.32 ± 0.02
Sein%.	4.32 ± 0.04	4.21 ± 0.01
Pinça%	8.46 ± 0.02	8.21 ± 0.98

N.B. A proporção de cortes grossistas totais foi inferior a 100% devido à perda de peso por evaporação.

4.4.4. Se a carcaça das cabras Tagger faz ou não parte do corpo:

Os componentes não cancerígenos incluem a pele, a cabeça, os pés, os pulmões e a traqueia, o fígado e o trato digestivo. A importância dos componentes não cancerígenos reside na determinação da porção comestível e vendável da carne de cabra, que depende da aceitação social. No mercado africano, Wilson (1958) observou que a proporção considerada comestível era diferente da que era aceite na Europa. Os componentes não-carcaça dependem da idade, da raça e da nutrição. Owen e Norman (1977) referiram que os pesos da cabeça, dos pés e dos pulmões se tornam progressivamente mais pesados nos caprinos com a idade.

4.4.4.1. Componentes do corpo das crianças etiquetadas

As proporções dos componentes do corpo dos cabritos Tagger estão resumidas na (tabela, 12), cabeça 10,54% versus 9,77%, pele 8,61% versus 7,35%, quatro patas 3,59% versus 3,17%, trato digestivo 9,76% versus 5,65% e miudezas vermelhas (coração, fígado, orelhas e traqueia) 6,64% versus 5,67% para os cabritos machos e fêmeas respetivamente. Além disso, são mais pesados nos machos do que nas fêmeas. A proporção de gordura mesentérica e omental é mais elevada nas fêmeas (1,96%) do que nos machos (1,41%). Este resultado é semelhante ao de Hassaballa (1996) para os miúdos do deserto.

Quadro (15) Componentes corporais dos cabritos Tagger em percentagem do peso vivo.

Objeto	Homens	Mulher
Cabeça %.	10.54 ± 0.32	9.77 ± 0.09
% de pele	8.61 ± 0.42	7.35 ± 1.08
Quatro pés %.	3.59 ± 0.19	3.17 ± 0.22
Esvaziar o trato digestivo	9.76 ± 0.68	5.65 ± 0.09
Miudezas vermelhas	6.64 ± 0.26	5.67 ± 0.17
Percentagem de gordura mesentérica e omental.	1.41 ± 0.07	1.96 ± 0.13

4.4.4.2 Componentes corporais de cabras Tagger adultas

A tabela (16) mostra a proporção dos componentes corporais dos caprinos Tagger adultos machos e fêmeas, a cabeça 8,93% contra 6,24%, a pele 8,27% contra 7,84%, as quatro patas 3,39% contra 2,60%, o aparelho digestivo 6,35% contra 6,93%, miudezas vermelhas (coração, fígado, orelhas e traqueia) 4,84% contra 5,59% e gordura mesentérica e omental 1,41% contra 1,96% para machos e fêmeas de cabras Tagger, respetivamente. Além disso, as proporções da cabeça, pele e quatro patas eram mais elevadas nos machos do que nas fêmeas. A proporção do trato digestivo, das vísceras vermelhas (pulmões e traqueia, coração, diafragma e fígado) e da gordura mesentérica e omental foi mais elevada nas fêmeas do que nos machos da raça Tagger.

Quadro (16) Componentes corporais de cabras Tagger adultas em percentagem do peso do corpo vazio.

Objeto	Homens	Mulher
Cabeça %.	8.93 ± 0.16	6.24 ± 0.46
% de pele	8.27 ± 0.45	7.84 ± 0.23
Quatro pés %.	3.39 ± 0.19	2.60 ± 0.08
Esvaziar o trato digestivo	6.35 ± 0.28	6.93 ± 0.08
Miudezas vermelhas	4.84 ± 0.19	5.59 ± 0.15
Percentagem de gordura mesentérica e omental.	1.29 ± 0.07	1.63 ± 0.12

Conclusões e recomendações

A cabra Tagger é uma raça prolífica, com uma elevada taxa de fixação, e é a espécie de ruminante mais difundida na região de Rashad, encontrando-se em aldeias e cidades. Está também bem adaptada às condições ambientais locais. Tradicionalmente, a raça é criada exclusivamente para a produção de carne, mas constitui também uma fonte de reservas financeiras. A importância desta raça como animal de produção de carne reside no facto de ter uma elevada percentagem de preparação e uma elevada relação músculo/osso. Não foram observadas diferenças significativas entre machos e fêmeas nas diferentes faixas etárias para nenhum dos parâmetros examinados, nomeadamente o rendimento de carcaça, as caraterísticas e a composição da carcaça. Por conseguinte, recomenda-se a utilização de ambos os sexos para consumo local. É necessário prosseguir os trabalhos sobre o crescimento, o desenvolvimento e o maneio desta raça.

Referências

Acharya, R.M., 1988. Criação de cabras e produção de carne. In: Goat meat production in Asia, Proceedings of Workshop, Tandojam-Pakistan, pp: 14-30.

Ahmed, I. A. e Tantawy, A. O. (1960). Estudos sobre as cabras Baladi do Egito. Empire Journal of experimental agriculture 28: 104 - 108.

Amble. V. N., Khanderkar, N. C. e Grage, J. N. (1964). Statistical studies on breeding data of Bengal black goats (Estudos estatísticos sobre dados de reprodução de cabras negras de Bengala). Nova Deli, Indian Council of Agric. Res. Set. No. 38. Animal Breeding Abstract. 36 No 522.

Ant Hissar e Rona, Z. S. (1980). Estudos genéticos sobre o rendimento da cabra Preta de Bengala e o seu cruzamento com as cabras Alpina Francesa e Anglo Nubiana. Resumo da tese, Hary Agri. Uni. 6 (1) 44 - 45. Em Devendra, C. e Burns, M. (1983). Goat production in the tropics (Produção de cabras nos trópicos). Commonwealth Agricultural Bureaux, Farnham, Royal, U.K. 182 pp.

Babiker, S. A. Elkhidir, I. A. e Shafie, S. A. (1990). Composição química e atributos de qualidade da carne de cabra e de borrego. Meat science 28. 273 - 277.

Babiker, S. A. Moglad, M. e Kaudoda, A. (1985). Efeito da castração no desempenho e nas caraterísticas da carcaça de cabras machos do deserto. World rev.Anim. Prod. 21 (1), 11 - 13.

Badawy, A. M. e Elbashary, A. S. (1972). Ciclo estral pós-puberal e período de gestação de fêmeas de cabras Angorá. Alax. J. Agri. Res. (1972). 2 : 27 - 30. Resumo da criação de animais 40 - 46.

Bello, A.M. (1985). Desempenho e caraterísticas da carcaça de cabritos do deserto comparados com os seus homólogos de clima temperado. Tese de Mestrado, Universidade de Cartum.

Carmenate, C. (1977). Estudo de certos parâmetros reprodutivos em cabras Sannen e Togenburg. Revsta Cubana de reprodução animal 3 (1) 13 - 19. A.

B. A, 47. 4275. Em Devendra, C. e Burns,M. (1983). Goat production in the tropics. Commonwealth Agricultural Bureaux, Farnham, Royal, U.K. 182 pp.

Carrer, C. e Delparrar, Y.I. (1969). Peso ao nascer em caprinos. Résumé de la création animale. 38.pp 111.

De Has, H. J. e Hort, D. (1979). The importance of goat production in meeting protein requirements. Anim. Res. Dev. 9: 41 - 73.

Devendra, C. e Burns, M. (1962). Melhoramento de cabras locais por Anglo Nubian, na estação experimental Fedral, Serdang, Malaysian Agri. J. 42, 265 - 280. Animal Breeding Abstract 32, 313.

Devendra, C. e Burns, M. (1970). Goat production in the tropics (Produção de caprinos nos trópicos). Farnham, Royal, Bucks, Common wealth Agricultural Beureaux, xii 184 pp. Tech. commun. U.K. 182 pp. Riqueza comum Agrícola Beureaux Anim. Breeding. Gent. No. 19.

Devendra, C. e Burns,M. (1981). Em Devendra, C. e Owen,J. E. (1981). Aspectos qualitativos e quantitativos da produção de carne de caprinos. World Anim. Rev.147, 19 - 29.

Devendra, C. e Burns, M. (1983). Goat production in the tropics (Produção de caprinos nos trópicos). Common wealth Agricultural Beureaux, Farnham, Royal, U.K. 182 pp.

Elfadil, S. I. (1996). Efeito do nível de energia da ração no acabamento de cabras. Tese de mestrado, Universidade de Cartum.

Elkhidir, I. A. (1989). Produção e qualidade da carne de caprinos e ovinos. Tese da Universidade de Cartum.

Elneim, Y. A. (1979). Algumas caraterísticas de reprodução e produção de cabras núbias no Sudão. Tese, Universidade de Cartum.

Epstein, H. (1969). Domestic animals of China. Farnham, Royal, Bucks, U. K. Common wealth Agricultural Beureaux, Tech. commun. Património comum Beureaux Anim. Breeding. Astract. Gent. No. 18.

Epstein, H. (1971). A origem dos animais domésticos em África. Vol. 11 African publishing corporation. Nova Iorque. N Y; 62gpp.

Epstein, H. e Herz, A. (1964). Fertilidade e peso ao nascer de cabras em ambientes subtropicais. J. Agri. Sci. Camb. 62; 237 - 244.

Everitt, G. C. e Jury, K. B. (1966a). The effect of sex and gonadectomy on the growth and development of the South Dawn X Rommey cross lamb. Parte 1: Efeito no peso vivo e nos componentes do peso vivo. J. Agri. Sci. Camb. 66 : 1 - 14.

F. A. O. (1976). Observações sobre a cabra. Roma, Itália.

F. A. O. (1991). Small ruminant production and genetic resources in tropical Africa Roma Itália.

French, M. H. (1970). Observations on the goat (Observações sobre a cabra), F. A. O. Roma 240pp.

Gaili, E. S. E. (1976). Composição corporal da cabra do deserto do Sudão. World Rev.
Anim. Prod. 14 - 19.

Gaili, E. S. E. (1977). Composição corporal de alguns ruminantes domésticos na África Ocidental.
Sudão. Conferência sobre Pecuária do Sudão. Cartum, 22 - 24 de abril de 1977.

Gaili, E. S. E. e Ali, A. B. (1985). Carne de ovino do deserto do Sudão e caprinos. Parte 1: Rendimento da carcaça, miudezas e destino dos tecidos da carcaça. Ciência da carne, 13: 217 - 227.

Gaili, E. S. E., Ganem, Y. S. e Mukhtar, A. M. S. (1972). A comparative study of some carcass traits of Sudan Desert sheep goats. Anim. Prod. 14: 351 - 357.

Gall, C. (1981). Goat production, Nova Iorque. Academic press, inc, p14.

Guha, H., Gupta, S., Mukharjee, A. K., Molah, S. E. e Bhattcharya, S. (1968). Some causes of variation in growth rates of Black Bengal goats. Indian Vet. J.

41 : 666 - 672.

Hassaballa, I. A. (1996). O efeito do género na produção de carne de cabra. Tese de mestrado, Universidade de Cartum.

Henrrote, A. (1961). Estudo do efetivo caprino do Baixo-Cango. Em Devendra, C. e Burns, M. (1983). Goat production in the tropics (Produção de cabras nos trópicos). Commonwealth Agriculture Bureaux. Farmham, Royal U. K., 182pp.

Hofmeyr, H.S., Joubert, D.M., Badenhorst, F.J.G. & Van De Steyn, G.J., 1965. Adaptabilidade dos ovinos e caprinos a um ambiente tropical da África Austral. Proc. S. Afr. Soc. Anim. Prod. 4, 191-194.

Jallons, Z. L. (1959). Meat preference of people in the Central region of Ghana (Preferência de carne das pessoas na região central do Gana). Em Devendra, C. e Owen, J. E. (1981). Quantitativo e qualitativo da produção de carne de caprinos. World. Anim. Rev.47: 19 - 29.

Johnson, D.D. , C.H. McGowan , G. Nurse , e M.R. Anous .1995b . Efeitos do tipo de raça e do sexo nas caraterísticas da carcaça, composição e tenrura de cabritos jovens. Small Ruminant Res. 17 : 57 - 63

Kauro,R. L. (1943). Algumas raças comuns de cabras na agricultura indiana. 4 : 549 - 552. Anim. Breeding. Resumo. 12: 145.

Khan, B. U. e Sahani, K. L. (1979). Nota sobre a avaliação de certos factores não genéticos que afectam os ganhos de peso corporal em cabritos Jumnapari em condições agrícolas semi-áridas, Indian, J. Anim. Sci. 25 (12) 1256 - 1257.

Kirk Patrick, R. L. e Akindele, Z. T. (1974). Reproduction in West African Dwarf goats (Reprodução em cabras anãs da África Ocidental). J. Anim. Sci. 39 (1) 163.

Lauca, A., Ecomondies, S. e Handcock, (1977). Efeito da castração na taxa de crescimento, eficiência de conversão alimentar e qualidade da carcaça em cabras Damscuss. Anim. Prod. 24: 387 - 391.

Lejaouen, J. C. (1987). Ordenha e tecnologia do leite. Em Hassaballa, I. A. (1996). O efeito do sexo na produção de carne de cabra. Tese de mestrado, Universidade de Cartum.

Mason, I. C. e Muale, J. P. (1960). Native cattle of East and West Africa (Gado nativo da África Oriental e Ocidental). Commonwealth Agriculture Bureaux. Farmham, Royal Bucks.

Matthewman, R. W. (1977). A survey of small livestock production at the village level in the derived savanna and lowland forest zone of south-west Nigeria. Em Trypansomotolerant livestock in West and Central Africa. ILCA. Monografia No. 2, p. 212.

Minett, F. C. (1950). Mortality in sheep and goats in India (Mortalidade em ovinos e caprinos na Índia). Indian J. Vet. Sci. 20: 69 - 103.

Mittal, J. B. (1979). Um estudo sobre o peso à nascença de crianças Barbari e Jumnapari. Indian J. Anim. Sci. 49 (1) 45 - 47).

MLC. (1967). Comissão da Carne e do Gado. Corte e preparação de carne de borrego e de porco. Boletim técnico. Bulletin. No.24.

Moffarah, M. B. (1995). Goat breeds and varieties in Sudan (Raças e variedades de caprinos no Sudão). Curso de formação sobre produção de ovinos e caprinos, realizado pelo Centro Árabe de Estudos de Zonas Áridas e Terras Secas. Cartum. pp 17 - 27.

Mohammed, M. Y. (1994). Efeito da castração em cabritos machos da raça Núbia no desempenho, caraterísticas da carcaça e qualidade da carne. Tese de mestrado, Universidade de Cartum.

Montasma, G., Goe, R. e Hofe, P. (1981). Eficiência da produção de carne em explorações de anões. Produção intensiva de carne nos países em desenvolvimento. Thames, D., U. K. British society of Anim. Prod. Em Devendra, C. e Burns, M. (1983). Goat production in the tropics (Produção de cabras nos trópicos). Commonwealth Agricultural Bureaux, Farnham, Royal, U.K. 182 pp.

Moulick, S. K. e Syrstad, O. (1970). Causas genéticas e ambientais de variações no peso à nascença de cabras de Bengala Negra. J. Agri. Sci. Camb.74: 409 - 411.

Moulick, S. K., Guha, H., Gupta, S., Mittal, D. K. e Battacharya, S. (1966). Factores que afectam o nascimento múltiplo em cabras de Bengala Negra. Indian J. Vet. Sci. Anim. Husb. 36 : 154 - 163.

Oppong, E. N. W. (1965). A note on goat in Ghana with reference to develop goat husbandry to improve the nation's diet. Ghana farmer, 9: 144 - 149). Animal. Breeding Abstract 35; 505.

Osman, B. M. (1984). O efeito da alimentação com melaço e forragem de baixa qualidade no desempenho e na composição corporal de cabras. Tese de mestrado, Universidade de Cartum.

Otechere, E. O. e Mimo, M. C. (1975). Desempenho reprodutivo em cabras leiteiras da África Ocidental. Ghana J. Agri. Sci. 9: 57 - 58.

Otechere, G. O., Ahmed, U. H., Adenouo, T. K. Kall, M. S., Bawa, E. L. K., Olorunju, S. A. e Voh, A. A. (1978). Sheep and goat production in the traditional Fulani agriculture sector. World Anim. Rev. 14: 52 - 54.

Owen, J. B. e Norman, G. A. (1977). Study of meat production characteristics of Bostwana goats and sheep, part III General body compostion, carcass measurements and joint composition. Meat science, 1 : 283 - 306.

Owen, J. B., Norman, G. A., Fisher, I. L. e Forest, R. A. (1977). Study of meat production characteristics of Bostwana goats and sheep, part II General body composition, carcass measurements and joint composition and distribution. Meat science, 2 : 59 - 74.

Parasada, S. P., Roy, A. e Pandy, M. D. (1971 - 72). Influence of age, body weight, parity and season on reproductive performance of Barbari goats. Agra. Uni. J. Res. Sci. 20 U 31 - 39. Animal Breeding Abstract, 41, 3412. Prod. Em Devendra, C. e Burns, M. (1983). Goat production in the tropics. Commonwealth Agricultural Bureaux, Farnham, Royal, U.K. 182 pp.

Plant, C. B. (1968). Estudos sobre o peso à nascença, a produção de Mohair e o comprimento das fibras de Mohair de cabras Angorá e Angorá X Gaddi. Indian Vet. J. 45 : 929.

Plant, C. B. (1980). Efeito da idade, do sexo e do peso vivo na percentagem de preparação de cabras. J. Food Sci and Tech.11 : 290 - 292.

Rahman, A., Hossain, A., Ahmed, M. A. e Sen, M. M. (1977). Estudos sobre alguns parâmetros reprodutivos e biometria do trato genital feminino de cabras pretas de Bengala. Indian J. Anim. Sci. 47 (11) 724 - 725.

Robinet, A. H. (1971). A cabra de Read Maradi. A sua exploração e o seu lugar na economia e na criação de gado da República do Níger. Em Devendra, C. e Burns, M. (1983). Goat production in the tropics. Commonwealth Agricultural Bureaux, Farnham, Royal, U.K. 182 pp.

Robinet, A. H. (1973). A raça caprina Maradi na Nigéria. Animal Breeding Abstract 42: 1646.

Roy, A., Datta, I. C., Sahoni, K. L., Singh, B. e Son Gupta, B. P. (1962). Estudos sobre certos aspectos da criação de ovinos e caprinos. Artificial reproduction, telescoping of breeding season and certain reproductive phenomena in sheep and goats. Indian J. Vet. Sci. 291 (2/3) 56 - 57.

Sada, I. e Vohardsky, F. (1973). Caprinos da África Ocidental no Gana. II. Taxa de crescimento e critérios de seleção. Em Zemmelink, C., Tolokamp, B.

J. e Melderts, J. H. (1984). Sheep and goats in Humid West Africa (Ovinos e cabras na África Ocidental Húmida). ILCA Addis Ababa. PP 29.

Saker, G. D. e Trail, M. C. (1966). Caraterísticas de produção do rebanho de cabras Mobende da África Oriental. Tropical Agriculture Trinidad 43: 43 - 45.

Shanmugasundaran, K. S. (1957) Birth rate among goats. Indian Vet. J. 34 : 107 - 117.

Shelton, M. (1978) Reproduction and breeding of goats. J. Dairy Sci. 16 : 994 - 1010.

Singh, B. B. (1973). Estudos sobre os factores de variação do peso à nascença de cabritos Jumnapari. Indian Vet. J. 50 (11) 1103 - 1106.

Singh, B. B., e Singh, B. P. (1974). Performance of Jumnapari goats. Indian Vet. J. 51 (5) 316 - 323.

Singh, C. S. P., Mishra, B. D., Mukherjee, D. K. e Singh, D. K. (1979). A note on body measurements of Black Bengal goats. Indian, J. Anim. Sci. 49 (8) 669 - 671.

Singh, G., Gupta, D. C., Bohrasdi e Arrora, C. L. (1987). Factores genéticos e não genéticos que afectam a mortalidade de cabritos e as suas causas em condições de exploração agrícola em regiões tropicais semi-áridas. Indian, J. Anim. Sci. 57: 871 - 877.

Snedecor, G. W. e Cochran, W. G. (1980). Statistical methods. 7th edition. Estado de Iowa.

Spedding, C. R. W. (1974). O futuro da produção de ovinos e caprinos. Em Okello, K. L. e Obwolo, M. J. (1984). Uganda Rev. of the potential of goat production in the tropics. World Anim. Rev. 53: 27.

Stagnaro, C. G. e Castillo, M. J. (1971). Periodicidade sexual em caprinos na zona tropical da Venezuela. Em Devendra, C. e Burns, M. (1983). Goat production in the tropics. Commonwealth Agricultural Bureaux, Farnham, Royal, U.K. 182 pp.

Tantawy, A. O. e Ahmed, I. A. (1960). Estudos sobre a cabra Baladi egípcia. I. Frequência de nascimentos múltiplos e rácio entre os sexos. Empire Journal of Experimental Agriculture 28: 74 - 82.

Timon, V. M. (1991). Small ruminant production and genetic resources in tropical Africa (Produção de pequenos ruminantes e recursos genéticos na África tropical). FAO.

Turon, J. D. (1966). O efeito da castração na produção de carne em bovinos, ovinos e suínos. In Meat production from whole male animals. (ed D. N. Rhodes). PP .1 - 50. Churchill.

Vohardsky, F. e Sada, I. (1973). Cabra anã de África no Gana, reprodução e taxa de mortalidade dos cabritos. Animal Breeding Abstract. 43: (6) 289.

Wahid, A. (1965). Goat raising in Pakistan 16: 509 - 534. Animal Breeding Abstract. 35. 2700.

Williamson, G. e Payne, W. J. A. (1959). An introduction to animal reprodução nos trópicos. Londres.

Wilson, P. N. (1958). O efeito do plano de nutrição no crescimento e desenvolvimento da cabra anã na África Oriental. I. Efeito do plano de alimentação no ganho de peso e nas medidas externas dos cabritos. J. Agri. Sci. Camb. 50: 198 - 210.

Wilson, R. T. (1976). Estudos sobre a pecuária no Darfur do Sul, Sudão. IV Caraterísticas de produção em caprinos. Trop. Anim. Health and Prod. 8: 221 - 223.

Wilson, R. T. (1982). Husbandry, nutrition and productivity of goats and sheep in the tropics (Criação, nutrição e produtividade de cabras e ovelhas nos trópicos). Small ruminants in African agriculture, ILCA. Addis Ababa. PP. 63 - 69.

Wilson, R. T. e Clarke, S. E. (1975). Estudos sobre a pecuária no Sul de Darfur, Sudão. A ecologia e os recursos pecuários da região. Trop. Anim. Health and Prod. 7: 165 -187.

Wilson, R. T. e Dunkin, J. W. (1984). Age at permanent incisor eruption in indigenous goat and sheep in semi arid Africa (Idade de erupção dos incisivos permanentes em cabras e ovelhas indígenas na África semi-árida). Livestock Prod. Sci. 11: 451 - 455.

Wood, J. D., Macfie, H. F., Domeroy, R. W. e Twinn, D. J. (1980). Composição da carcaça em quatro raças de ovinos. A importância do tipo de raça e do estádio de maturidade. Anim. Prod. 30 (1) 135 - 152.

Yarkin, I. e Eker, M. (1961). A native party goat in Turkey. VIIIth. Int. Conf. Anim. Prod. 1: 187 -

MIX
Papier aus verantwortungsvollen Quellen
Paper from responsible sources
FSC® C105338

Printed by Books on Demand GmbH, Norderstedt / Germany